U0203731

一碗

〔韩〕May 著

马艳 译

河南科学技术出版社

·郑州·

目录

{第二碗料理} 为了应付微微饥饿感而准备的健康饮料

须知事项

书中的计量方法

　　本书采用了标准的量勺和量杯进行计量。1杯为200毫升，1汤匙（即1大勺）为15毫升，1茶匙（即1小勺）为5毫升。用量杯或者量勺盛装材料的时候，不能装得过满，盛装的材料必须与杯沿或勺沿齐平才能准确称量。另外，1小把蔬菜指的是能用一只手轻轻抓住的一小把的分量。

书中的料理分量

　　本书的料理分量设定为一般的通用标准分量。但是由于每个人的食量不同，并且同一道料理所需烹饪的量也取决于它是作为主菜还是非主菜，因此最好先按照食谱的分量来烹饪，再根据家人的食量酌情添减食材的用量。本书中每道料理基本为四人份的分量。

书中所使用的酱油、盐和糖

本书主要使用了一般的酿造酱油（日式浓口酱油）和日式淡口酱油这两种酱油。浓口酱油被标记为"酱油"，而淡口酱油会专门标记为"淡口酱油"。

本书使用的盐为海盐（Sea Salt），你也可以选择使用任何其他的天然盐产品。但是由于每种盐的咸度存在差异，在使用的时候应该根据个人的口味酌情添减用量。

另外，本书所使用的糖，除特别说明为黄糖外，其余的均指白糖。

书中所使用的油

本书主要使用了葡萄籽油和特级初榨橄榄油，你可以根据个人喜好选择合适的产品。另外，由于每个人所使用锅具的涂层状态不同，因此需要酌情添减油的用量。

书中所使用的番茄膏、番茄酱和调味番茄酱

书中所提到的番茄膏指Tomato Paste，番茄酱指Tomato Sauce，调味番茄酱指Tomato Ketchup。前两者多在烹制食物的过程中使用；而后者则一般直接食用，比如用来蘸薯条等。偶尔为了方便，也可用少量调味番茄酱代替番茄酱在食物烹制过程中使用。

书中的日式料理

本书中出现的日式料理指的是近期日本家庭中最常食用的和食、已经大众化的西餐和经过作者再创造后的料理，并不是100%的日本传统料理。

增添风味的材料

干鲣鱼 ^{かつおぶし}

如同高汤对于韩国汤类料理的重要性一样，日式汤类料理的精髓便是鲣鱼高汤了。かつお是鲣鱼的意思，ぶし指煮制汤汁的材料，因此かつおぶし即指煮制高汤所用的干鲣鱼。

想要制作干鲣鱼，需要先将鲣鱼进行熏制和干燥，再进行菌类发酵。经过多个步骤的操作后，鲣鱼会变得十分坚硬，因此需要使用专门的削器像推刨子一样刨下鲣鱼花后再使用。一般的家庭使用专门的削器刨削会比较困难，因此一般会使用市售的成品。市售的成品有薄片和厚片两种。制作高汤时，适合使用厚片干鲣鱼；撒在料理顶层食用时，建议使用薄片干鲣鱼。

味噌 ^{みそ}

如同韩国大酱在韩式料理中的重要性，日本的日常饮食不可或缺的一种重要材料，便是被称为"味噌"的日本大酱。与使用黄豆发酵而制成的韩国大酱不同，味噌是以大米、黄豆和大麦为原料经过发酵而成的。由于使用的材料和发酵菌的不同，韩国大酱与味噌的味道、气味也完全不同。根据制作材料的不同，味噌大致可分为米味噌（米みそ）、麦味噌（麦みそ）和豆味噌（豆みそ）；有时也会将几种材料混合起来进行制作，因此如果细分的话，味噌的种类是非常之多的。

市售的味噌种类大致可分为赤味噌（あかみそ）、白味噌（しろみそ）和调和味噌（あわせみそ）。赤味噌颜色呈红褐色，盐含量高，味道浓，主要用于汤类料理的制作；白味噌颜色浅，并且带有甜味，通常用于制作调味汁；而调和味噌是由多种味噌混合而成的，风味浓郁，非常适合一般的家庭使用，通常用于制作味噌汤。如果平时不是经常烹饪日式料理，那么购买一种调和味噌也足以应付。

味噌比起韩国大酱，味道和气味都偏淡一些。因此在制作味噌汤时，不像韩国大酱一样可以长时间煮制，需要短时间煮制才会使味道和香气完好地保留下来。无论使用何种材料，都应该在最后起锅前加入味噌，稍煮一下后立即熄火。

山葵酱 ^{わさび}

山葵酱是用原产日本的新鲜山葵的根茎，经专用的刨茸器刮擦成茸后制成的。想购买这种新鲜的山葵酱是十分不易的，通常使用的是市售的管状膏体商品——青芥辣。虽然它没有新鲜山葵酱那种特有的直冲脑顶的呛劲和冲味，但是胜在使用方便，而且口感也不错。

因山葵售价昂贵，人们也经常用辣根酱和芥末来代替山葵酱。辣根又称西洋山葵，常用部位也是根部；芥末是用芥菜种子制作的，常制成芥末粉或芥末油。山葵是三者中的上品。

本味淋 ^{本みりん}

味淋又被称为"甜日本酒"。作为一种甜味酒，它富含甘甜的味道，并且能引出食材的原味。它是由糯米加入米曲、烧酒或者其他酿造酒精，发酵约60天酿造而成的。在发酵过程中，糯米糖化成淀粉从而散发出香甜甘醇的味道。

与清酒相似，味淋能够去除肉类和鱼类的腥味，并且可使肉质更加鲜美嫩香。此外，味淋还具有一些独有的特点，它的甜味浓烈，可以减少食谱中糖的用量；炖煮烹饪时，加入味淋可为菜肴增添色泽，同时可增加材料的韧性，长时间炖煮食物也不易煮烂；另外，由于糯米在发酵过程中会产生多种味道的酵素，因此味淋也可作为天然调味料使用。

由于味淋原本是酒类，早期并未在烹饪中作为调料使用，因此日本的酒税法等对其制造、销售以及购买都有着严格的制约。后来，为了便于购买及满足人们对甜味更加浓厚、更加具有刺激性口味味淋的需求，通过添加多种添加剂制作的味淋风味调料应运而生。随着这种味淋风味调料的涌现，为了将应用传统方法制作的味淋和味淋风味调料区分开来，称传统方法制作的味淋为本味淋（本みりん）。

本味淋很难购买到，比较容易购买到的是味淋风味调料和味香。比起味香，味淋风味调料的口味更加倾向于本味淋，因此如果确实购买不到本味淋，也可以使用味淋风味调料。清酒与味淋的口味和作用都不相同，因此最好这两种材料同时具备，基本就可以满足一般的日式家常料理的制作需要了。

清酒，日本酒 ^{さけ}

日式料理中不可或缺的材料便是清酒。不仅是日式料理，连韩式料理也少不了清酒的身影。在韩国它被称作清酒或者正宗酒（正宗酒的叫法，起源于日本殖民统治韩国期间，一间叫作"正宗"的日本制酒公司的名字。这种叫法被延续下来，因此在韩国"正宗酒"即指日本清酒），在日本它的名字叫作さけ。清酒能够去除肉类和鱼类的腥味，因此被广泛应用于肉类和鱼类的料理中；另外也常作为天然调味料用于汤类料理中，以增添风味；除此之外，如果菜肴的味道过咸，加入一点清酒，也可以缓解过度的咸味，并且能够延长食物的保质期。

清酒的主要原材料是大米，它淡淡的米香与韩国料理也十分搭配。制作韩国大酱汤时，将少量的清酒作为天然调味料加入，会使成品的口感更加美妙。通常我会买一大瓶清酒放在家里，烹饪的时候利用度很高呢。需要注意，尽量不要使用味淋或者红酒来代替食谱中的清酒。

七味唐辛子 ^{七味，しちみ}

七味唐辛子由辣椒粉、胡椒粉、山椒、陈皮、黑芝麻、芥子、大麻子等七种香料混合制成，是一种日本特有的调味料。由于它具有七种口味，因此亦被简称为七味。七味多于烹饪结束之时，直接撒在成品菜肴中，例如乌冬面、盖饭、汤等多种类型的料理都可以佐以七味食用。七味在韩国也是一种常见、常用的调味料。

在日本的超市可以购买常见品牌的七味，但是由于每个地区的七味有着它的独特性，赴日旅行时可在不同的地方购买不同品牌的七味，这也不失为旅行中的一大乐趣。

盐渍樱花 ^{おうかづけ}

おうか是樱花的意思，而づけ指的是腌渍食品。おうかづけ即为将樱花使用盐进行腌渍制成的食品，也称为樱花渍（さくらの花づけ）。盐渍樱花需在樱花全部盛开前的五分开到七分开时，摘下樱花用盐水浸泡，之后在阴凉处晒干，然后再次用盐进行腌渍，最终制成具有可存放性的食品。它可以当作茶冲泡饮用；由于它具有十分独特的风味，如果不喜欢作为茶饮用，可以用水洗掉其盐分用来装饰菜肴或者甜品，定会给料理锦上添花。

腌渍梅干 ^{梅干し}

　　腌渍梅干是将黄梅用盐腌渍后制成的一种具有代表性的日本腌渍食品。在韩国，通常选用成熟之前的黄梅，用盐或者糖进行腌渍，而在日本却常选用完全成熟、带黄色的黄梅进行腌渍。反复进行将黄梅在阴凉处干燥及腌渍的操作，会使其具有独特的香气与风味，腌渍梅干本身即为一道美味的小菜，同时切碎后也作为调料被广泛应用。为了使成品的腌渍梅干呈紫红色，制作时可加入紫红色的紫苏（シソ）叶片，让鲜紫红色浸染到梅干中，同时又为腌渍梅干增添了风味。

酱油 ^{しょうゆ}

　　日式料理在烹饪的过程中经常使用酱油。通常所说的酱油，指的是使用豆、麦和盐等材料制成的酿造酱油。酱油大致可以分为浓口酱油（浓口しょうゆ）、淡口酱油（淡口しょうゆ）和溜酱油（溜しょうゆ）等，其中浓口酱油和淡口酱油分别对应了韩国的酿造酱油和汤用酱油。

淡口酱油 ^{淡口しょうゆ}

　　比起一般的酿造酱油（浓口酱油），淡口酱油虽然颜色更浅，但它的咸味却更加浓烈，主要应用于汤类料理或者拌凉菜，即使添加很少的量也可以增添咸味，并且由于颜色浅而不会破坏食材本身的颜色。

三叶芹 ^{みつば}

由于有三片叶子，三叶芹也被称为三叶，别名鸭儿芹等。在韩国也有人称其为"大叶芹"，但是实际上大叶芹与三叶芹不是一种植物。由于大叶芹比较难以买到，因此被称作大叶芹销售的大部分都是三叶芹。三叶芹在日式料理中应用广泛，比如将一缕三叶芹置于完成的菜肴上，会使其散发出淡淡的清香且具有清爽的口感。

紫苏 ^{シソ}

在日本被称为芝麻叶的紫苏叶，在韩国被叫作苏子叶。其叶缘呈尖锐的锯齿状，叶片会散发出独特的香气，初次食用者会比较难以接受它的味道，其实它的清凉香气特别适合在没有食欲的夏季食用。紫苏通常分为青色的青紫苏（あおじそ）和紫红色的赤紫苏（あかじそ）。青紫苏多数用来食用，而赤紫苏则多作为制作腌渍梅干时的染色剂。如果不易买到新鲜的紫苏叶，也可以购买种子自己种植。紫苏非常容易种植，不需太多照顾即能长得很好，到了夏季院子里就会被茂盛的紫苏所占据。

嫩芽沙拉叶

嫩芽沙拉叶是多种绿色蔬菜嫩叶的统称。它们比刚长出的幼芽要大一些，同时具有幼芽特有的辛辣口感，因此广泛应用于沙拉等料理的制作；它们的外形也特别讨人喜欢，可以被用作菜肴的装饰。

意大利香脂醋，意大利黑醋 Balsamic Vinegar

意大利料理和法国料理中不可或缺的香脂醋，是在意大利北部一个叫作摩德纳（Modena）的城市里生产的。它作为一种葡萄酒醋，从生产、检验到销售全部在摩德纳完成，是摩德纳著名的特产。它使用摩德纳特有的扎比安奴（Trebbiano）白葡萄的葡萄汁为材料，将其装入使用栎树、樱桃木、欧洲七叶树、李子树等木材制作的木桶中发酵而成。根据木桶材质的不同，成品的味道也有所不同。成品香脂醋的口感取决于发酵时间的不同，发酵时间越久成品的口感就越好，通常以12年产或者25年产的香脂醋产品最为有名。

虽然它名为"醋"，其实它经常被用于调味汁的制作。由于它独特浓郁的香气和无与伦比的口感，即使单独使用也会完美地体现出独特的风味。比起红酒醋，香脂醋具有甘甜的滋味，如果不喜欢甜味，也可以选择更具透明感的红酒醋。

罐头鸡汤 Chicken Broth

罐头鸡汤可以在出售进口鸡汤食品的超市中买到。虽然也可以自己在家中煮制，但是由于耗时较长、效率较低，因此购买这种罐头鸡汤直接使用会更方便。推荐美国史云生（Swanson）品牌的产品，既易于购买而且味道也不错。但是，由于这种罐头鸡汤已经调好了滋味，因此烹饪时需要边尝边添加，以制作出口感适宜的菜肴。

咖喱粉 Curry Power

与制作咖喱饭所使用的咖喱不同，咖喱粉由多种香料混合制成，它的口感辛辣、清透，因此烹饪时添加少量的咖喱粉即可让菜肴呈现崭新的味道。在制作咖喱饭时，也可以少量添加咖喱粉，使成品的口感更加醇香浓郁。

鳀鱼 Anchovy

鳀鱼是一种鳀鱼科的小型鱼类，用橄榄油和盐腌渍后可制成罐头食品。它特有的咸味和别致的风味使其广泛应用于多种料理中，可直接使用，也可切碎或者研磨后使用。

研磨红椒片 Crushed Red Pepper

与辣椒子一起研磨成粗颗粒的红椒片，辣味更浓，通常撒在比萨上食用，也可添加于菜肴中食用。炒菜时适量加入研磨红椒片，不仅不会使菜肴的颜色被染红，同时由于没有甜味，可以很好地保留菜品原有的味道，而且可为其增添一份独特的辣味。

泰式红咖喱酱 Thai Red Curry Paste

泰式红咖喱酱是制作泰国代表性食物——咖喱料理时所使用的一种调味酱。用它配合泰式辣椒酱和虾酱等材料，就可以十分简单地制作出泰式咖喱料理；它还广泛地被应用于各式调味汁的制作中。

伍斯特辣酱油 Worcester Sauce

伍斯特辣酱油是源于英国伍斯特郡的一种调味料，原本被命名为"伍斯特郡辣酱油（Worcestershire Sauce）"，也被称为喼汁等。它是将各种蔬菜、水果和调味料混合发酵而成的一种酱汁，即使少量使用也可以为菜肴增添滋味，主要用于西餐料理。如果将伍斯特辣酱油用日本的方式来释义，即是日式炸猪排酱汁，但是日式炸猪排酱汁的甜味比较浓，并不能代替伍斯特辣酱油。

蒜蓉辣椒酱 Chili Garlic Sauce

蒜蓉辣椒酱是在辣椒粉中加入大蒜等多种调味料制成的一种中式酱料。它不仅有辣味，而且由于加入了多种调味料，还具有复合的多重味道。在浓汤或者炒菜类料理中加入它来调味，十分简易方便。

泰式香甜辣椒酱 Sriracha Sauce，Asian Hot Sauce

食用泰式米线的时候所使用的酱汁便是泰式香甜辣椒酱。虽然同是辣椒酱，但是它与塔巴斯科辣椒酱（Tabasco Sauce）有着完全不同的浓郁味道，适用于多种料理。

戈根索拉乳酪 Gorgonzola Cheese

戈根索拉乳酪布满了蓝绿色的霉纹，是蓝纹乳酪中最具代表性的，味道不咸且风味浓郁，被广泛应用于多种料理中。根据发酵时间的不同味道与价格亦不同，多用于意大利面或者比萨中。在制作奶油沙司（Cream Sauce）时，如果使用适量的戈根索拉乳酪，其特有的滋味会使成品变得十分美味。

帕玛森奶酪 Parmesan Cheese

通常被称作帕玛森奶酪的帕尔玛奶酪（Parmigiano），因多被撒在意大利面或者比萨的顶层食用而被熟知。它比一般的奶酪所含的水分少并且偏硬，因此通常使用粉质的产品或者切薄片使用。在意大利的帕尔玛生产的帕尔玛奶酪，由脱脂奶粉和一般牛奶混合制作而成，通常需要几年的发酵和干燥过程，坚硬并且酷似车轮的外形是这种奶酪的主要特征。通常我们在比萨店看到的绿色包装瓶的帕玛森奶酪粉（比如最常见的"卡夫芝士粉"）是帕尔玛奶酪中质量最差且不是100%纯奶酪的粉质产品。帕尔玛奶酪中以帕尔玛干酪（Parmigiano-Reggiano）为最高等级的产品，它的味道浓郁诱人，相信任何人都会爱上它。

普通家庭通常不会去购买巨大的车轮形的帕尔玛奶酪，一般购买切成块的商品即可，这样既实惠又使用方便。

提前准备事项

★ 鲣鱼高汤的制作

材料 水6杯，干鲣鱼片2杯，昆布1片（边长15厘米左右的方形）

制作方法

1 用干的布巾将昆布擦拭干净。

2 锅中放入6杯水和昆布，开火煮，温度升至70℃前关火捞出昆布。

3 继续加热，煮沸后关火，锅中加入干鲣鱼片。

4 静置30~60秒后，用细筛网过滤掉干鲣鱼片。

　　作为日式料理精髓之一，鲣鱼高汤可以把食材固有的味与香提取出来。制作鲣鱼高汤需要干鲣鱼片和昆布这两种材料，为了使昆布的味道更好地保留下来，使用干的布巾擦拭干净后，可提前1天泡在凉水中。如果在凉水中浸泡1天，昆布就不需要再另外加热；没有时间时，可以把昆布放入水中加热来制作。昆布可以去除干鲣鱼片的腥味，并且可以增添滋味，一定不能省略。比起直接把昆布加入的方式，最好将昆布剪成片状后使用，可以更好地出味。在锅中的水完全煮沸之前（水生成气泡之前），需要关火后将昆布捞出来。

　　另外，一定要在关火状态下加入干鲣鱼片；如果在开火时加入，汤的味道会变得过于浓浊。静置30~60秒，待干鲣鱼片沉入锅底后，使用细筛网、厨房用纸或者干净的纱布过滤掉干鲣鱼片即可。

★ 如何煮荞麦面与素面

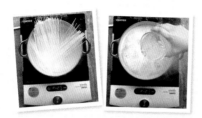

　　锅中加入足量的水，在煮好荞麦面和素面后，需要立即将面放入冰水中冲洗，这样面的口感更加筋道。准备一口能装入全部面条的足够大的锅，加水煮沸后再加入面；水再次煮开后，向锅中再添1杯水；第三次煮开后，立即将面捞出来，放入冰水中冲洗，之后沥干水分，口感劲道的面就煮好了。

★ 如何煮意大利面

　　在煮意大利面中的直条形面条时，通常要煮到面变透明为止，煮到面中间的长孔像线一样细时是最佳的状态，这样才可以维持劲道的口感。根据意大利面种类和形状的不同，需要煮制的时间也略有不同，一般比外包装上标示的时间多煮2分钟左右最佳。煮意大利面时，锅中加水后，最好再加入1茶匙的盐，这样可以增加水的浓度，使面的口感更好。煮好的意大利面不要过凉水，应该直接倒入酱汁拌匀后食用。另外，煮面的水不要扔掉，可以在煮酱汁时使用。

即将完成料理时

简洁的装饰风格

在美食出锅装盘之后，通常需要使用一个小小的装饰或点缀来画龙点睛，英文叫作Garnish（为增加色香味而添加的配菜、装饰物）。有时虽然以装饰菜肴为出发点，但是结果却不尽如人意，反而破坏了整道菜的完成度。下面具体讲一下不可取的装饰方法及装饰要点。

首先说一下颜色对比。如果将菜肴装入与之互补或对比颜色的盘子中，当然视觉上会很抢眼，但是这样做却很难体现出淡雅感或者菜肴本身的品味。就好像穿衣服一样，如果搭配相似色系的衣服至少基本不会出错，而如果穿上互补色、对比色的衣服，那么如果不是搭配高手，估计十有八九会显得土气。料理也是同理，一味地采用互补色、对比色，非但难体现出强烈的视觉效果，而且容易让人觉得土气。

另外，说到菜品装饰，通常人们脑海中浮现的便是欧芹（Parsley）、胡萝卜和圣女果，最后再撒上芝麻。然而如果无条件地选择胡萝卜和芝麻这些与菜肴本身味道完全无关的材料，会降低菜肴本身的品味，让人在食用前就有"这道菜的口味还是老一套"的错觉。胡萝卜和芝麻应该被应用于口味及品相适合的菜品装饰中。无论何种口味的菜肴，都千篇一律地使用相同的装饰是不合适的，欧芹和圣女果也是同理。与其过于繁琐地去装饰，倒不如让菜品以本面目示人，或许更能勾起人的食欲。

烹饪工具最少化

每当看电视购物频道时，总是觉得自己这个也想要、那个也想买，总觉得如果有了这个工具，烹饪会变得更加容易，也能方便地做出各种花样。这时应该理性地想一下家里有哪些根本不使用的烹饪工具。其实大部分的烹饪工具，使用时似乎挺便利，但使用后的清洗、干燥和存放等操作会让人更费时费力。如果没有宽阔的存放空间并且不喜欢整理，我还是建议最少化地选购最常用的烹饪工具就可以了。

锋利的刀具、好用的菜板、蔬菜刨丝器、削土豆皮的削皮器、小型的粉碎机兼搅拌机、可以用于面团搅拌和浓汤制作的多用途的食品处理机，另外还有手感合适的锅具，有了这些最基本常用的烹饪工具便可以充分地享受烹饪的乐趣了。

灵活运用食谱

喜欢烹饪的人和不喜欢烹饪的人的最大区别，就在于是否能够灵活运用食谱。喜欢烹饪的人，会将一个食谱按照个人喜好灵活运用；而不喜欢烹饪的人，则只会聚焦于食谱本身，即便只是缺少了食谱中的一种食材，也会放弃这道菜肴的制作。如此下去，这类人的冰箱里总是堆满了食材，而不会去创新地制作多种料理。

不要过分拘泥于食谱，看到好的食谱要大胆地尝试一下。果敢地放弃没有的食材或者不喜欢的食材，灵活使用冰箱中的材料来代替，说不定成品的味道会让你大吃一惊，就此发现一种崭新的味道哦。

熟识基本调味料的味道

对于平时常用的基本调味料，先去尝一下它本来的味道。然后留心品尝，当调味料添加到菜肴后味道会发生何种变化。另外，仔细体味使用何种量会呈现何种口味，这种与那种相混合时会产生何种滋味，不要毫不在意地仅仅专注于完全按照食谱进行操作的过程，要努力将感受聚焦于调味料的味道上来。

如果熟识了基本调味料的味道，那么不必一定要使用计量工具，仅仅凭手感就能给菜肴调味；仅仅看一遍食谱，便能想象到成品的滋味；另外，还能够创新出新的菜肴。用心去体味一下，一点点盐和一点点糖，就能让料理整体的味道发生怎样的变化！

简单的一碗

一个人也要吃得舒服，为单身准备

基本
番茄酱汁意大利面

材料 直条形意大利面200克，帕玛森奶酪粉少许

基本番茄酱汁 圣女果800克，番茄200克，番茄膏1汤匙，大蒜4瓣，洋葱1个，红酒2汤匙，伍斯特辣酱油1汤匙，糖1汤匙，意大利香脂醋1汤匙，盐1/4茶匙，胡椒粉1/4茶匙，新鲜罗勒叶10克，橄榄油4汤匙

基本番茄酱汁意大利面

制作方法

1 将洋葱切丁、大蒜切末备用。

2 锅中倒入橄榄油烧热，加入洋葱丁和蒜末炒至洋葱丁变得透明。

3 在2的材料中加入去皮圣女果、去皮番茄、番茄膏、红酒、伍斯特辣酱油、意大利香脂醋、糖、盐和胡椒粉后，文火煮10分钟以上。

4 使用搅拌机将3的材料搅成酱，再加入切碎的罗勒叶，用小火煮大约30分钟。

5 将意大利面煮好装盘。

6 将煮好的番茄酱汁浇在意大利面上，最后可根据个人喜好撒上适量的帕玛森奶酪粉。

可以一次多做些番茄酱汁，使用密封容器冷藏保存，大约可以保存1个月。

如果酱汁中加入海鲜或者蔬菜，就可以做出多种口味的意大利面。将做好的酱汁装在精致的瓶子中，还是一份有意义的礼物呢。

材料　螺丝意大利面2杯，沙拉用蔬菜1小把，圣女果6~7个，盐少许

调味汁　橄榄油1/3杯，糖2汤匙，白葡萄酒醋1/3杯，洋葱丁1/4杯，干燥碎叶1茶匙（干的罗勒、薄荷、欧芹中的一种即可）

意大利凉面

制作方法

1 锅中放入足量的水，加入盐和螺丝意大利面，将面先煮好。

2 将煮好的螺丝意大利面捞出，用冷水过凉后沥干。

3 将所有蔬菜清洗干净，把圣女果对半切开。将调味汁的所有材料混合在一起。

4 给螺丝意大利面和蔬菜浇调味汁后拌匀。

戈根索拉乳酪
意大利面

材料　戈根索拉乳酪1/2杯，帕玛森奶酪粉1/4杯，直条形意大利面200克，白蘑菇（口蘑）5个，香菇5个，洋葱1/2个，大蒜2瓣，鲜奶油1杯，牛奶1杯，橄榄油2汤匙，盐、胡椒粉少许

戈根索拉乳酪意大利面

制作方法

1 将洋葱切丝，大蒜切片备用。

2 将白蘑菇和香菇清洗干净后切薄片。

3 锅中加入足量的水和少许盐，先将意大利面煮好。

4 锅中倒入橄榄油，摇匀后加入切好的蒜片，炒香。

5 加入洋葱、白蘑菇和香菇继续翻炒。

6 蔬菜大致炒熟后，加入鲜奶油和牛奶煮开。

7 关火后加入戈根索拉乳酪和帕玛森奶酪粉，搅匀使之熔化。

8 加入盐和胡椒粉调味。

9 最后加入煮熟的意大利面均匀混合。

美式薯角

材料　土豆2个，黄油2汤匙，牛排调料（可选蒙特利牛排调料，Montreal Steak Seasonin）1茶匙，花椒粉1/2茶匙，咖仁辣椒粉（Cayenne Pepper）1/2茶匙，迷迭香、罗勒等的干燥碎叶适量，盐1/4茶匙

美式薯角

制作方法

1 将土豆带皮清洗干净，切成楔形。

2 在煮开的水中加入盐和切好的土豆，煮约15分钟。

3 用微波炉熔化黄油后，加入牛排调料、花椒粉、咖仁辣椒粉和盐调匀。

4 将煮好的土豆沥干水分，把3的调料倒入土豆中拌匀。

5 将土豆放入预热200℃的烤箱中，均匀烘烤约20分钟至土豆完全烤熟。

6 撒少许干燥碎叶后即可食用。

牛肉炒河粉

材料　牛肉200克，茄子1个，红彩椒1个，洋葱1/2个，大蒜2瓣，干河粉100克，绿豆芽 1 小把，胡椒粉少许，油适量

牛肉调料　酱油1汤匙，糖1/2汤匙，胡椒粉少许，香油1茶匙

调味汁　蚝油2汤匙，酱油2汤匙，味淋2汤匙，清酒2汤匙，胡椒粉少许

牛肉炒河粉

制作方法

1 将干河粉放入热水中泡软。

2 牛肉切粗丝，茄子、红彩椒、洋葱切成适合食用的大小。将切好的牛肉加入牛肉调料的所有材料腌制备用。

3 锅中倒油后摇匀，加入切成片的大蒜炒香，再加入牛肉和茄子、红彩椒、洋葱翻炒。

4 蔬菜大致炒熟后，加入泡软后沥干水分的河粉和调味汁的所有材料，再次均匀翻炒。

5 最后加入绿豆芽和胡椒粉略炒即可出锅。

日式炒乌冬面

材料 培根4片，卷心菜100克，红彩椒1个，洋葱1/2个，大蒜2瓣，乌冬面2包，绿豆芽 1 小把，胡椒粉少许，干鲣鱼薄片适量，油适量

调味汁 蚝油2汤匙，酱油2汤匙，味淋2汤匙，清酒2汤匙，胡椒粉少许

日式炒乌冬面

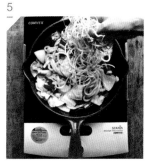

制作方法

1 所有蔬菜清洗干净，卷心菜、红彩椒、洋葱切成适合食用的大小。大蒜切片备用。

2 将培根片也切成适合食用的大小。

3 锅中倒油后略摇锅，加入蒜片炒香，依次加入培根和卷心菜、红彩椒、洋葱翻炒。

4 蔬菜大致炒熟之后，放入提前焯过热水后沥干的乌冬面，再加入调味汁的所有材料一起翻炒。

5 最后放入绿豆芽和少许胡椒粉略炒一下。

6 出锅装盘后撒上适量的干鲣鱼薄片。

日式牛肉烩饭
（林氏盖饭）

材料 牛肉200~250克，洋葱2个，黄油1汤匙，橄榄油2汤匙，调味番茄酱1/3杯，水1杯，胡椒粉少许，咖喱粉1茶匙，米饭适量

布朗沙司（Brown Sauce） 黄油1汤匙，面粉2汤匙，番茄膏3汤匙，罐头鸡汤1杯，水1杯，月桂叶1片，伍斯特辣酱油2汤匙，糖1/2茶匙

日式牛肉烩饭（林氏盖饭）

制作方法

1 将牛肉切细条、洋葱切薄片备用。

2 锅烧热后，加入1汤匙黄油使之熔化，加入面粉翻炒。加入番茄膏、水、罐头鸡汤、月桂叶、伍斯特辣酱油和糖，用小火熬煮15~20分钟，即制成布朗沙司。

3 另取一口锅，加入1汤匙黄油和橄榄油，待黄油熔化后，加入洋葱和牛肉翻炒。

4 将3的材料中加入适量的布朗沙司、调味番茄酱、水、胡椒粉和咖喱粉，煮至汤汁起泡后关火，牛肉酱汁即做好。米饭装盘，浇上适量的牛肉酱汁。

材料　米饭4杯，梅干1个，盐水（水1杯，盐1茶匙）

内馅　沥干油分的金枪鱼罐头1罐，切小块的黄瓜1/3根，蛋黄酱（Mayonnaise）1汤匙，青芥辣1/2茶匙，芝麻适量

日式饭团

2

3-1

3-2

制作方法

1 将梅干去核后切碎。

2 将内馅的所有材料混合拌匀。

3 手上沾盐水后握一团米饭，将内馅的所有材料包入米饭中，团成饭团后捏成三角形。

4 将切碎的梅干放在饭团的顶层。

材料 虾10~12只，大蒜5瓣，姜末1汤匙，洋葱1/3个，鱼露1$\frac{1}{2}$汤匙，糖1茶匙，橄榄油4汤匙，盐少许，芫荽叶或者小葱末适量

蒜蓉炒虾

制作方法

1 将虾剥皮后去除虾线。

2 为了美观，在虾背上横切一刀。

3 大蒜切片，洋葱切丁，姜切末。

4 锅中倒入橄榄油后摇匀，加入蒜片炒香。

5 加入洋葱丁和姜末翻炒。

6 加入虾、鱼露、糖和盐再次翻炒。

7 可以根据个人喜好配适量的芫荽叶或者小葱末。

虽然这道菜的做法非常简单，但是由于添加了鱼露，味道特别鲜美。如果不喜欢芫荽，也可以撒上切碎的小葱，也别有一番风味。

日式味噌豆腐沙拉

材料　即食豆腐1/2块，沙拉用蔬菜适量

味噌调味汁　花生酱1汤匙，味淋1汤匙，酱油1汤匙，鲣鱼高汤10汤匙，糖2汤匙，研磨芝麻粉2汤匙，白味噌1汤匙

日式味噌豆腐沙拉

1

2-1

2-2

2-3

制作方法

1 将即食豆腐切成适合食用的大小。

2 将味噌调味汁的所有材料混合在一起。

3 在盘中摆放上豆腐和沙拉用蔬菜。

4 调味汁均匀浇汁后即可食用。

番茄
四季豆
沙拉

材料　圣女果10个，切成段的四季豆1杯，新鲜罗勒叶适量

调味汁　橄榄油3汤匙，糖2汤匙，食醋2汤匙，盐1/4茶匙，粗粒芥末酱1茶匙

番茄四季豆沙拉

制作方法

1 将圣女果对半切开。

2 四季豆用热水焯一下，过冰水后再沥干水分。

3 将调味汁的所有材料均匀混合在一起。

4 将调味汁淋在圣女果和四季豆上，加入新鲜罗勒叶拌匀。

可轻松制作并存放的

日式渍物

酸黄瓜

材料 黄瓜10根，洋葱2个，紫苏2小扎，辣椒4个，大蒜5瓣，生姜1块（栗子大小），柠檬2个，水8杯，食醋5杯，糖4杯，盐1汤匙，胡椒粒1汤匙

制作方法 **1** 将黄瓜、洋葱切成适合食用的大小。辣椒切斜片，柠檬切薄圆片，大蒜和生姜切薄片，紫苏叶片切细丝。**2** 取一只大盆，将所有蔬果材料均匀混合，再将其盛放于消毒过的玻璃瓶中。**3** 锅中加入水、食醋、糖、盐和胡椒粒，煮至糖溶化后倒入 2 的瓶中。**4** 放入冰箱中冷藏保存2天后再食用。

日式姜丝
腌黄瓜

材料 黄瓜2根，生姜1块，酱油1/4杯，味淋2汤匙，清酒1汤匙

制作方法 **1** 将黄瓜清洗干净，先由上至下竖着切开，去除中间的瓤，然后再切成1厘米厚的片。**2** 生姜切成丝。**3** 保鲜袋中加入黄瓜、姜丝、酱油、味淋和清酒，待入味后（约30分钟）即可食用。

*青阳辣椒原产韩国，个头小非常辣，也可用其他味道足够辣的辣椒代替。

简易
萝卜酱菜

材料 白萝卜1根，青阳辣椒*6~7个，酱油3$\frac{1}{2}$杯，水3杯，食醋2$\frac{1}{2}$杯，糖2杯

制作方法 1 将白萝卜切薄块，青阳辣椒切短段。2 将切好的白萝卜和辣椒装入消毒后的玻璃瓶中。3 锅中加入酱油、水、食醋和糖煮沸，关火后立即倒入玻璃瓶中。4 在制作后的第2天即可食用。

日式白泡菜

材料 白菜600克，盐（白菜分量的3%左右）18克，辣椒1个，柚子皮1/4个，切成丝的海带1/4杯，大蒜2瓣

制作方法 1 白菜切成适合食用的大小，柚子皮切丝，大蒜切片，辣椒去子切丝。2 将盐均匀撒在白菜中腌制半天以上。3 将辣椒、柚子皮、海带和大蒜一并均匀混合于白菜中。冷藏保存，慢慢取用。

麻辣黄瓜条

材料 黄瓜2根，红辣椒1个，大蒜2瓣，豆瓣酱1汤匙，盐1/5茶匙，糖1汤匙，食醋2汤匙

制作方法 1 将黄瓜切成适合食用的短段，大蒜切薄片，红辣椒切碎末。2 盆中加入大蒜、红辣椒、豆瓣酱、盐、糖和食醋混合均匀，制成腌渍调味汁。3 将调味汁倒入黄瓜条中混合均匀，冷藏保存，慢慢取用。

日式
凉拌茄子

材料 茄子2个，紫苏叶2片，水4杯，盐1汤匙，酱油1/2汤匙，芝麻1茶匙，生姜、糖少许

制作方法 1 将茄子切圆片，紫苏叶切丝。2 将水和盐均匀混合后倒入茄子中腌制20分钟，取出茄子后挤干水分。3 在茄子中加入生姜、酱油、芝麻、糖和紫苏叶拌匀。

酱香凉拌菜

材料 黄瓜1/2根，茄子1/2个，胡萝卜1/2根，白萝卜1/4根，藕1/3根，生姜少许，盐2茶匙，水1/2杯 **调味汁** 酱油1/4杯，水1/4杯，清酒1/4杯，糖5汤匙，食醋2汤匙

制作方法 1 将所有蔬菜切薄片备用。2 蔬菜均匀撒盐后装入容器中，倒入1/2杯水，用重物压好，放置30分钟。3 待蔬菜腌出水分变蔫后，挤干水分。4 将调味汁的所有材料煮沸后加入腌渍后的蔬菜，再次煮开。5 放凉后置于冰箱中冷藏保存。

健康的

一碗

为 充 满 朝 气 的 孩 子 准 备

西兰花芝士浓汤

材料　西兰花200克，土豆丝1杯，洋葱1/2个，牛奶3~4杯，车打芝士（Cheddar Cheese）1/2杯，盐1$\frac{1}{2}$茶匙，油适量，胡椒粉适量

西兰花芝士浓汤

制作方法

1 将西兰花清洗干净，切掉粗大的根茎部分，再将剩余部分切成一朵一朵的块儿。

2 取一只大锅，加入能够没过西兰花的足量的水，再加入1茶匙盐，煮沸。

3 在锅中加入西兰花煮熟。

4 将洋葱切丝。

5 锅中倒油后略摇，加入洋葱和土豆翻炒至其变透明。

6 将炒好的洋葱和土豆倒入搅拌机中，再加入煮熟的西兰花和牛奶进行搅拌、粉碎。

7 将搅拌好的汤汁再次煮开，然后加入1/2茶匙盐和适量的胡椒粉调味，最后加入切成细丝的车打芝士使其熔化。将汤盛入碗中后可再放置煮熟的西兰花等进行装饰。

卷心菜沙拉

材料　卷心菜、胡萝卜适量

蛋黄酱调味酱汁　蛋黄酱2/3杯，食醋2汤匙，葡萄籽油2汤匙，糖2汤匙，盐1/4茶匙

卷心菜沙拉

制作方法

1 将卷心菜和胡萝卜切成细丝，卷心菜丝约3杯的量，胡萝卜丝约1杯的量。

2 将蛋黄酱调味酱汁的所有材料均匀混合在一起。

3 将蛋黄酱调味酱汁倒入蔬菜丝中拌匀。

4 放置于冰箱中冷藏约1小时后再食用。

焗烤
芦笋培根卷

材料 芦笋10根，培根15片，帕玛森奶酪粉2杯

白酱 黄油1汤匙，面粉1汤匙，牛奶1杯，盐1/5茶匙，胡椒粉少许

焗烤芦笋培根卷

制作方法

1 用削皮器将芦笋根部的硬皮削掉，切成2~3厘米的段。

2 每2~3根切好的芦笋段用1片培根卷成卷儿。

3 使用预热160℃的烤箱烘烤15~20分钟，也可以直接使用平底锅均匀地煎熟。

4 锅中加入黄油使之熔化，加入面粉翻炒，再加入牛奶、盐和胡椒粉搅拌煮沸直至成浓稠的糊状，即制成白酱。

5 耐高温容器中摆放好芦笋培根卷，然后均匀浇上白酱，撒上帕玛森奶酪粉，使用预热200℃的烤箱烘烤约20分钟，直至奶酪熔化且颜色变为焦黄色。

芦笋
蛋烤派

材料 芦笋200克，培根5片，白蘑菇2~3个，1个鸡蛋的蛋清，鸡蛋2个，牛奶1/2杯，鲜奶油1/2杯，盐1/2茶匙，肉豆蔻粉、胡椒粉少许，冷冻派皮1份

芦笋蛋烤派

制作方法

1 将冷冻派皮取出，室温回温。

2 将芦笋切成手指长度，用热水焯约10秒。

3 将白蘑菇切成薄片，培根切成小块后煎熟。

4 回温后的派皮先涂一层蛋清，然后摆放上芦笋、培根和蘑菇。

5 取一只盆，先将鸡蛋打散，再加入牛奶、鲜奶油、盐、胡椒粉和肉豆蔻粉混合均匀，然后倒入派皮内。

6 使用预热200℃的烤箱烘烤40~45分钟。

日式鸡蛋卷

材料 鸡蛋6个，鲣鱼高汤3汤匙，糖5汤匙，味淋1汤匙，清酒1汤匙，淡口酱油1/2汤匙，盐1/3茶匙

日式鸡蛋卷

制作方法

1 盆中加入鸡蛋充分打散。

2 在1的蛋液中加入鲣鱼高汤、糖、味淋、清酒、淡口酱油和盐后调匀，再用筛网过筛。

3 将油纸按照烤盘的尺寸剪成合适的大小。

4 将油纸铺在烤盘中，倒入蛋液。

5 烤箱预热160℃，烘烤约30分钟。

6 从烤盘中取出后，利用寿司卷帘卷成鸡蛋卷，然后用橡皮筋或者绳系好放置10分钟以上以定型。

7 将鸡蛋卷切成适合食用的厚片。

韩式鸡蛋卷与日式鸡蛋卷最大的区别在于日式鸡蛋卷是甜味的，而且特别甜。虽然刚开始时会觉得口味奇怪，但是吃着吃着就会陷入它甜蜜的滋味中。使用烤箱来制作，一次可以大量制作并且定型也十分方便。

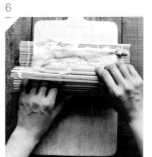

日式鸡蛋羹

材料　鸡蛋2个，鲣鱼高汤2杯，味淋1茶匙，盐1/3茶匙，酱油1茶匙

日式鸡蛋羹

制作方法

1　将蛋液充分打散。

2　鲣鱼高汤中加入味淋、盐和酱油混合均匀，使用微波炉加热1分钟。

3　将蛋液逐次慢慢地加入高汤中，边倒边搅拌，使用筛网过筛。

4　将3的液体倒入适合的容器中，再放置于烤盘中。

5　在烤盘中倒入适量的水，在容器上盖上锡纸以防被烤箱上火烤焦。

6　烤箱预热170℃，水浴法烘烤约30分钟。也可以使用蒸锅来蒸熟。

　　如丝般润滑的日式鸡蛋羹——茶碗蒸的制作要点是，需要在低温下慢慢地将鸡蛋蒸熟。如果温度过高会使鸡蛋断面变得粗糙不光滑，因此不要使用高温。如果使用烤箱，可以一次大量制作。

　　容器上盖锡纸是为了防止顶层鸡蛋组织变得粗糙。

　　另外，将高汤加热后再与蛋液混合，也可以更好地将二者均匀混合，口感也会更加嫩滑。可以根据个人喜好，在茶碗蒸中加入虾、银杏或者鸡肉等材料。

可乐饼

材料　土豆500克，牛肉馅100克，洋葱1/2个，鲜奶油或牛奶3汤匙，盐1/4茶匙，胡椒粉、肉豆蔻粉少许，面包糠、蛋液、面粉、油适量

可乐饼

制作方法

1 土豆去皮切大块，锅中倒入能够没过土豆的足量的水，开火将土豆煮熟。

2 将洋葱切碎末。

3 锅中倒油后摇匀，放入牛肉馅和洋葱末翻炒一会儿，加入少量盐和胡椒粉调味。

4 土豆煮熟后，借助工具将其压成土豆泥。加入炒熟的洋葱和牛肉，以及鲜奶油或牛奶搅拌，充分拌匀后再加入盐、胡椒粉和肉豆蔻粉混合均匀。

5 取适量的馅料塑形后，按照顺序依次裹上面粉、蛋液和面包糠，放入油温170℃的油锅中炸至金黄。

1

3

4-1

4-2

5

添加牛肉馅和土豆的可乐饼是最基本的一种可乐饼，不仅营养满分，而且酥脆可口，是老少皆宜的一款小吃。

菠菜春卷

材料 菠菜 1 小把，切成碎末的车打芝士1/3杯，原味奶油奶酪100克，松子仁2汤匙，盐、胡椒粉少许，春卷皮10张

菠菜春卷

制作方法

1 将菠菜用开水焯过后挤干水分，再切成碎末。

2 在切碎的菠菜中加入车打芝士、奶油奶酪、松子仁、盐和胡椒粉拌匀即成内馅。

3 将调好的内馅包入春卷皮中卷好。

4 放入油温达到180℃的油锅中炸至金黄酥脆。

5 可以根据个人喜好蘸取美式辣酱或者甜辣酱食用。

材料 牛肉300克，土豆1个，胡萝卜1/2根，洋葱1个，苹果1/2个，咖喱粉2汤匙，咖喱块2~3块，面粉2汤匙，番茄酱1杯，伍斯特辣酱油1汤匙，黄油2汤匙，油1汤匙，月桂叶2片，水5杯，盐、胡椒粉少许

牛肉调料 盐、胡椒粉、清酒少许

日式牛肉咖喱

制作方法

1 将洋葱切丁，土豆和胡萝卜切成适合食用的块，苹果削皮后磨成泥。牛肉切块，用牛肉调料的所有材料拌匀调味。

2 锅中倒油后摇匀，将调过味的牛肉块每一面都煎烤熟，土豆块和胡萝卜块也翻炒熟。

3 另取一只锅，加入黄油和油摇匀，加入洋葱翻炒至变成深色。

4 在3的材料中加入咖喱粉和面粉翻炒一会儿，然后倒入5杯水。

5 在4的材料中加入熟牛肉块、土豆块和胡萝卜块，以及月桂叶、番茄酱和辣酱油。

6 倒入磨好的苹果泥和2~3块咖喱块，撒少许盐和胡椒粉。

7 充分地焖煮约30分钟。

霜降雪花牛肉沙拉

材料 霜降雪花牛肉 150克，大叶芹2小把，单花韭1小把，清酒1汤匙，味淋、盐、胡椒粉少许

酱油调味汁 青阳辣椒1个，普通辣椒1个，食醋1汤匙，糖1汤匙，酱油2汤匙，葡萄籽油1汤匙

霜降雪花牛肉沙拉

制作方法

1 将大叶芹和单花韭切成适合食用的大小。

2 在霜降雪花牛肉上洒上适量的清酒、味淋、盐和胡椒粉，两面煎烤熟。

3 酱油调味汁中的两种辣椒均切薄片后加入其他的调味汁材料一起拌匀。

4 将调好的酱油调味汁浇在牛肉和蔬菜上，搅拌均匀即可。

霜降雪花牛肉，指牛肉白色的脂肪均匀分布于肌肉组织中，形成类似大理石的花纹，如同雪花般美丽，因此得名。霜降雪花牛肉鲜嫩多汁、入口即化、价格不菲，多用于烤肉、火锅等料理中。

玄米沙拉

材料 玄米1杯，洋葱末1/2杯，黄彩椒末1/3杯，圣女果1/3杯，松子仁2汤匙，嫩芽沙拉叶 1 小把，水6杯，油适量

调味汁 意大利香脂醋3汤匙，橄榄油3汤匙，盐1/3茶匙，糖1茶匙，胡椒粉少量

玄米沙拉

制作方法

1 在锅中倒入水和玄米，煮约30分钟至玄米熟透，之后沥干水分。

2 圣女果切块。

3 锅中倒油摇匀，倒入洋葱末翻炒一会儿，倒入黄彩椒末再次翻炒。

4 盆中倒入沥干水分的玄米和松子仁、圣女果，再倒入 3 的材料，然后将调味汁的所有材料均匀混合在一起，向盆中浇汁。

5 加入嫩芽沙拉叶拌匀即可。

红薯布丁

材料 红薯 300克，牛奶1杯，鲜奶油1杯，砂糖1$\frac{1}{2}$汤匙，吉利丁片2片（热牛奶2汤匙），顶层装饰用蜜红豆、鲜奶油、红薯块适量

红薯布丁

制作方法

1 将红薯用蒸锅或者微波炉完全蒸熟，并趁热剥皮。

2 将剥皮后的红薯和牛奶、鲜奶油、砂糖一起放入搅拌机中搅拌成液体。

3 将吉利丁片泡入冰水中，待其变软之后加入热牛奶搅拌，使之熔化。

4 将吉利丁液倒入 2 的液体中搅拌均匀，再倒入合适的容器中，移至冰箱中冷藏约2小时，直至布丁液凝固。

5 使用打发后的鲜奶油、蜜红豆和红薯块做顶层装饰。

速成
杯子蛋糕

1min Cake

材料　蛋糕预拌粉100克，黑砂糖1汤匙，橄榄油1汤匙，鸡蛋1个，咖啡液30毫升，水果干适量

速成杯子蛋糕

这是一款利用纸杯制作的简易纸杯蛋糕。由于使用了市售的蛋糕预拌粉，因此整个操作过程只需要3分钟。直接使用纸杯作为容器，将其放入便当中或者作为零食食用，通过简单的包装，也可以当做小礼物哦。

在匆忙的早上，可以轻松地制作好，作为零食放入孩子或者丈夫的便当中，也是个不错的选择。

制作方法

1 在蛋糕预拌粉中加入黑砂糖、橄榄油、鸡蛋和咖啡液，搅拌均匀。

2 加入切成小块的水果干。

3 将拌好的蛋糕糊倒入纸杯至约1/4的高度，使用微波炉加热1分钟左右。

4 将纸杯的顶部用剪刀剪掉，然后使用纸质胶纸封口，最后再系上丝带进行装饰。

材料 鸡蛋4个，砂糖240~270克，葡萄籽油1$\frac{1}{4}$杯，中筋面粉290克，肉桂粉1$\frac{1}{2}$茶匙，泡打粉1茶匙，盐1/2茶匙，已切成小块的苹果2杯，坚果、水果干、葡萄干3汤匙

苹果麦芬

制作方法

1 在室温回温的鸡蛋液中加入砂糖，使用电动打蛋器打发蛋液至颜色发白、体积蓬发。

2 将葡萄籽油加入1的材料中拌匀。

3 将提前过筛的各种粉类和盐倒入2的材料中，用橡胶刮刀翻拌均匀。

4 在3的材料中加入苹果、坚果、水果干和葡萄干，轻轻搅拌。

5 将4的材料倒入合适的容器中，放入预热180℃的烤箱中烘烤约20分钟。

情深的一碗

加油，金先生！为丈夫准备

海鲜凉菜

材料　冷冻鸡尾虾5只，江珧柱3只，黄彩椒1个，苹果1/2个，酪梨1/2个，鱿鱼1条，嫩芽沙拉叶适量

橙味调味汁　橙汁1/4杯，柠檬汁2汤匙，盐1/3茶匙，糖1汤匙，橄榄油1/4杯

海鲜凉菜

　　鸡尾虾，指去头、去虾皮、去虾线只留下虾仁和虾尾的熟食虾仁，在西餐中常用来制作餐前开胃菜。

　　酪梨（Avocado）又名鳄梨、油梨、牛油果等。

制作方法

1　将冷冻的鸡尾虾解冻。

2　将江珧柱切薄片后，用热水略焯一下。

3　将鱿鱼处理干净后，过沸水并切成鱿鱼圈。

4　将黄彩椒放入预热200℃的烤箱中烘烤约25分钟，直至彩椒变得焦黑。然后去除黑皮和子后，切成丝。

5　将苹果和酪梨切成适合食用的薄片。

6　将橙味调味汁的所有材料均匀混合在一起，冷藏保存。

7　将调味汁均匀浇在已处理好的所有材料上，拌匀并装盘，顶层放适量的嫩芽沙拉叶。

三文鱼
酪梨、
豆腐油炸三色

材料　三文鱼200克，豆腐1/2块，酪梨1个，糯米粉1/2杯，盐、芫荽叶、小葱、嫩芽沙拉叶适量

调味汁　酱油3汤匙，味淋3汤匙，清酒1汤匙，香油1茶匙，食醋1/2汤匙，红辣椒圈1汤匙，绿辣椒圈1汤匙

三文鱼、酪梨、豆腐油炸三色

制作方法

1 将三文鱼、酪梨和豆腐切成大小合适的块状，略撒一点盐。

2 将三文鱼、酪梨和豆腐裹上一层糯米粉。

3 将调味汁的所有材料均匀混合在一起。

4 将三文鱼、酪梨和豆腐放入油温达到170℃的油锅里，炸至金黄酥脆。

5 将炸好的三文鱼、酪梨和豆腐出锅装盘，均匀浇上调味汁，顶层放上适量芫荽叶、小葱和嫩芽沙拉叶。

日式土豆炖牛肉

材料　牛肉片（烤肉用牛肉）200克，土豆2个，胡萝卜1个，洋葱1个，最细的米线30克，油1汤匙，鲣鱼高汤2$\frac{1}{2}$杯，淡口酱油1/3杯，味淋1/4杯，清酒3汤匙，装饰用绿色蔬菜适量

日式土豆炖牛肉

被叫作Nikujaga的土豆炖牛肉是日式家常料理中最具代表性的一道"母亲菜"，作为配米饭食用的这道菜，是一顿朴素饭食中的一道料理。Nikujaga是日本男人最思念的记忆中的味道，使用切成大块的土豆和牛肉，可以与众人一起分享食用。

制作方法

1 将米线放入热水中泡软。

2 将土豆、胡萝卜和洋葱切大块。

3 将牛肉片在煮开的水中焯一下。

4 锅中倒油后摇匀，将洋葱、土豆和胡萝卜分次依序倒入并翻炒，再加入鲣鱼高汤、淡口酱油、味淋和清酒一起炖煮。

5 蔬菜大致煮熟后加入牛肉片和米线一起煮至完全熟。

6 出锅装盘，在顶层装饰适量的绿色蔬菜。

炸香蕉

材料 香蕉3根

裹料 面粉1¹/₂杯，芝麻2茶匙，泡打粉2茶匙，盐1茶匙，糖1/4杯，椰奶1/2杯，水1/2杯

炸香蕉

制作方法

1 将香蕉切成约3厘米长的段。

2 将所有裹料均匀混合在一起。

3 将香蕉均匀裹上裹料面糊，放入油温达到180℃的油锅中，炸至金黄酥脆。

青酱
意大利面

材料 直条形意大利面200克，茄子2根，切成段的四季豆1/2杯，帕玛森奶酪粉适量

青酱 新鲜罗勒叶50克，松子仁3汤匙，大蒜2瓣，葡萄籽油1/2杯，帕玛森奶酪粉1/2杯，盐1/2茶匙，胡椒粉适量

青酱意大利面

制作方法

1 将青酱的所有材料倒入搅拌机中充分搅拌、粉碎，即制成青酱。

2 茄子切片，在无油的平底锅中煎烤。

3 四季豆煮熟后过凉水，再沥干水分。

4 煮好意大利面后倒入盆中，再加入5汤匙青酱、茄子和四季豆搅拌均匀。

5 最后撒上适量的帕玛森奶酪粉。

苹果酱沙拉

材料 沙拉用蔬菜适量，苹果、香蕉等水果适量

苹果沙拉酱 苹果 $1\frac{1}{2}$ 个，橄榄油1/2杯，酱油1/4杯，糖4汤匙，味淋2汤匙，食醋1/4杯，胡椒粉适量

苹果酱沙拉

1-1

1-2

2

制作方法

1 将苹果沙拉酱的所有材料倒入搅拌机充分搅拌、粉碎，制成苹果沙拉酱。

2 将蔬菜泡在冰水中片刻，沥干水分后与水果一起切成适合食用的大小。

3 将切好的蔬菜和水果装盘，再将苹果沙拉酱盛在小碗中。

材料 培根15片，墨绿皮西葫芦1根，奶油奶酪100克

培根西葫芦卷

制作方法

1 将西葫芦使用削皮器从上到下削出长薄片。

2 西葫芦片上叠上培根片，然后再放上1茶匙奶油奶酪。

3 将2的材料卷成卷儿，然后用牙签固定好。

4 将做好的培根西葫芦卷放入预热200℃的烤箱中，烘烤约10分钟。

熏制
三文鱼寿司

材料　熏制三文鱼150克，米饭3杯，糖1/2汤匙，盐1/2茶匙，食醋3汤匙
顶层装饰　酪梨、嫩芽沙拉叶、樱桃萝卜、青芥辣、飞鱼子、芦笋、橄榄各适量

熏制三文鱼寿司

制作方法

1 将熏制三文鱼切成3~4厘米长的段。

2 将顶层装饰材料分别切成合适的形状。

3 米饭中加入糖、盐、食醋，混合成寿司米饭。

4 在保鲜膜上依次摆上三文鱼和寿司米饭，然后将保鲜膜拧紧塑形成圆球状。

5 将塑形好的寿司摆到盘子上，再利用各种顶层装饰材料进行装饰。

材料 直条形意大利面120克，虾7只，干辣椒5个，花生碎2汤匙，蒜蓉2汤匙，葱末2汤匙，橄榄油3汤匙，糖1/2茶匙

宫保酱汁 罐头鸡汤60毫升，水50毫升，淀粉1汤匙，酱油1/2杯，白葡萄酒60毫升，蒜蓉辣椒酱$1\frac{1}{2}$汤匙，糖1汤匙，食醋1汤匙，香油1汤匙

宫保酱汁意大利面

3

4

5

6-1

6-2

制作方法

1 将宫保酱汁的所有材料倒入锅中，小火煮5分钟左右。

2 将意大利面煮好。

3 将虾去皮和虾线并清洗干净，在虾背上纵切一刀。

4 锅中倒入橄榄油摇匀，倒入蒜蓉和干辣椒炒香。

5 在4的锅中加入虾和花生碎继续翻炒熟。

6 在5的材料中倒入煮好的意大利面、5汤匙宫保酱汁、糖和葱末，混合均匀。

柠檬芝士慕斯

材料 奶油奶酪50克，砂糖30克，柠檬汁20克，白葡萄酒10克，原味优酪乳100克，鲜奶油40克，应季水果适量

柠檬芝士慕斯

制作方法

1 将奶油奶酪室温软化，使用手动打蛋器搅打顺滑。

2 加入砂糖继续搅打至砂糖颗粒溶化。

3 在2的材料中再依序加入柠檬汁、白葡萄酒、原味优酪乳和鲜奶油，搅拌均匀。

4 将3的材料倒入适宜的容器中，置于冰箱中冷藏保存。

5 食用前装饰上应季水果。

泰式
牛肉米线沙拉

材料　最细的米线100克，牛肉片（火锅用牛肉）200克，洋葱1/2个，辣椒2个，彩椒1个，黄瓜1/2根
调味酱汁　甜辣椒酱6汤匙，鱼露4汤匙，柠檬汁4汤匙，砂糖2汤匙，水2汤匙，盐、胡椒粉少许

泰式牛肉米线沙拉

制作方法

1 将在温水中泡软的米线用热水焯一下，然后过凉水并沥干水分。

2 将所有蔬菜切成适合食用的大小。

3 把牛肉片用煮开的热水焯一下，然后放入冰水中，变凉后沥干水分。

4 将调味酱汁的所有材料混合在一起。

5 把牛肉片、蔬菜、米线和调味酱汁一起混合均匀。

清脆皎皮沙拉

材料　卷心菜300克，胡萝卜丝1/2杯，饺子皮5张，鸡胸肉3~4块（大蒜、生姜、清酒少许），豌豆2汤匙，酪梨1个，粉条1/2杯，花生2汤匙，葱末1汤匙，油适量

调味酱汁　花生酱3汤匙，味淋1汤匙，酱油1汤匙，鲣鱼高汤10汤匙，糖2汤匙，研磨芝麻粉2汤匙，白味噌1汤匙，意大利香脂醋1汤匙，泰式香甜辣椒酱1汤匙

清脆饺皮沙拉

制作方法

1 将卷心菜切成细丝备用。

2 将饺子皮切成细丝，粉条切成长约5厘米的段。

3 将酪梨切成适合食用的薄片。

4 在锅中加入足量的水，倒入大蒜、生姜和清酒，放入鸡胸肉煮熟。煮好后将鸡胸肉撕成丝状。

5 锅中倒油，炸切好的饺子皮和粉条。

6 盘中放入卷心菜丝、炸好的饺子皮丝、鸡丝、豌豆、胡萝卜丝、酪梨片、炸好的粉条、葱末和花生。

7 浇上调味酱汁的所有材料后搅拌均匀。

{第二碗料理}

为了应付微微饥饿感而
准备的健康饮料

浆果冰红茶

材料 覆盆子或者其他浆果类水果1杯，糖1/3杯，柠檬汁1汤匙，冰红茶或者柠檬汽水等夏季饮料1杯

制作方法 1 将覆盆子或者其他浆果类水果中加入糖和柠檬汁，搅打成糊状。2 将1的材料倒入容器中，置于冰箱冷冻室使其凝固。3 取适量2的材料加到冰红茶或者柠檬汽水中均匀混合。4 剩余的放回冰箱冷冻室，随时取出混合到饮料中即可饮用。

西瓜汁

材料 西瓜果肉5杯，柠檬汽水1/2杯，糖1汤匙，盐少许，装饰用球形西瓜果肉6个

制作方法 1 将西瓜果肉、柠檬汽水、糖、盐倒入搅拌机充分搅打。2 用球形西瓜果肉（可用挖球器挖出）进行装饰。

**家庭自制
柠檬汽水**

材料 柠檬1个，苏打水2杯，薄荷叶适量

制作方法 1 将柠檬切成圆片后和薄荷叶一起放入杯中，可略捣压以使出味。
2 倒入苏打水。

*生米酒是韩国的一种由优质大米和小麦完全发酵酿造的低度酒。

米酒
鸡尾酒

材料　生米酒*1杯，猕猴桃2个，糖1汤匙，雪碧1/2杯

制作方法　将所有材料倒入搅拌机中充分搅打，混合均匀即可。

芒果拉西

材料 芒果1杯，原味优酪乳1杯，牛奶1/2杯，糖3汤匙

制作方法 将所有材料倒入搅拌机中充分搅打，混合均匀即可。

至诚一碗

饱 含 温 暖 滋 味 ， 亲 手 为 父 母 准 备

日式
蛋花汤

材料 水3杯，罐头鸡汤2杯，人造蟹肉100克，香菇4个，竹笋150克，木耳50克，鸡蛋1个，生姜汁1汤匙，酱油1汤匙，清酒1汤匙，盐1/4茶匙，蚝油1汤匙，水淀粉3~4汤匙，葱末、胡椒粉适量

日式蛋花汤

制作方法

1 将香菇、竹笋切薄片，木耳切丝，鸡蛋液充分打散。

2 将人造蟹肉撕成丝。

3 锅中倒入3杯水和罐头鸡汤，煮开后倒入香菇、竹笋、木耳。

4 在3的材料中加入酱油、清酒、蚝油、盐和生姜汁调味。

5 加入人造蟹肉和水淀粉煮至浓稠。

6 关火后将已打散的蛋液分次慢慢加入汤中。

7 出锅盛入碗中，撒上葱末。也可以按个人口味撒适量的胡椒粉。

意式海鲜杂烩

材料 花蛤300克，贻贝200克，鱿鱼1条，虾10只，大蒜2瓣，串番茄4个，研磨红椒片1汤匙，洋葱1个，干白葡萄酒1杯，水3杯，番茄膏$2\frac{1}{2}$汤匙，盐、胡椒粉、柠檬汁适量，意大利香脂醋1汤匙，月桂叶2片，油适量

意式海鲜杂烩

制作方法

1 让花蛤和贻贝吐水后沥干水分。

2 洋葱和串番茄切成合适的大小，大蒜切片。

3 将虾去皮和虾线后在虾背上横切一刀，鱿鱼切成合适的大小。

4 锅中倒油稍摇匀，倒入大蒜、洋葱、串番茄和研磨红椒片翻炒。

5 加入花蛤、贻贝、鱿鱼和虾，倒入干白葡萄酒、水、番茄膏、香脂醋和月桂叶翻炒熟。

6 撒上适量的盐和胡椒粉调味，可以根据个人喜好洒适量柠檬汁。

意式海鲜杂烩（Cioppino）是利用各种丰富的海鲜制作的一道旧金山的名菜，旧金山的很多餐厅都可以品尝到这道菜。它制作简单但口味一流，在家里也可以轻松制作。

葱酱汁
干炸鸡

材料　鸡胸肉500克，酱油2汤匙，清酒2汤匙，味淋1汤匙，姜末1~2汤匙，鸡蛋1个，淀粉1杯，粉条、蔬菜适量，油适量

葱酱汁　葱末5汤匙，酱油4汤匙，清酒2汤匙，味淋1汤匙，水1汤匙，糖2汤匙，香油1汤匙

葱酱汁干炸鸡

制作方法

1 将鸡胸肉洗干净后切成适合食用的大小。

2 盆中放入鸡胸肉，倒入酱油、清酒、味淋和姜末拌匀。再倒入淀粉。

3 加入鸡蛋充分搅拌均匀。

4 将拌好的鸡胸肉倒入油锅中炸至金黄酥脆。

5 将粉条切成手指长度，用油炸成白色。

6 将葱酱汁的所有材料均匀混合在一起，即成葱酱汁。

7 盆中先摆放上适量蔬菜，然后摆上炸鸡和炸粉条，最后浇上葱酱汁。

虽然一般来讲炸鸡的口感会有些腻，但是这道炸鸡由于配了葱酱汁，因此口感清淡并且味道独特。

三文鱼子
五目
什锦饭

材料 大米2杯，香菇5个，胡萝卜1/2根，芦笋1/2杯，三文鱼子适量，水180毫升，装饰用绿色蔬菜适量

汤汁 鲣鱼高汤1杯，清酒3汤匙，味淋1汤匙，盐1/2汤匙，酱油2汤匙

三文鱼子五目什锦饭

制作方法

1 将大米提前淘洗干净，烹饪30分钟前即放入筛网以沥干水分。

2 将香菇切薄片、胡萝卜切细条、芦笋斜切片后过盐水。

3 将汤汁的所有材料和胡萝卜、香菇一起倒入锅中，略煮一下。

4 待热气散去后，倒入大米和水煮饭。

5 米饭煮熟后加入芦笋拌匀，出锅装碗后在顶层摆放适量的三文鱼子和装饰用绿色蔬菜。

葱丝配清蒸三文鱼

材料　三文鱼200克，油1/3杯，生姜丝2汤匙，葱丝 1 小把

调味汁　淡口酱油1/2汤匙，糖1/3茶匙，盐1/3茶匙，淀粉1茶匙

葱丝配清蒸三文鱼

制作方法

1 将三文鱼切成1厘米厚的方片。

2 将调味汁的所有材料均匀混合在一起，然后将调味汁均匀涂抹在三文鱼片上。

3 把三文鱼片摆放到盘子上，然后均匀撒上生姜丝。

4 将盘子放入蒸锅中，蒸6~7分钟。

5 蒸熟后，将已在锅中烧热的油浇到三文鱼片上。

6 顶层撒上葱丝。

黑醋汁配西葫芦

材料 墨绿皮西葫芦1个，白蘑菇5个，土豆1/2个，淀粉2汤匙，水1杯，盐1茶匙，糖1茶匙，盐水（水1杯，盐1茶匙），油适量

黑醋调味汁 意大利香脂醋3汤匙，酱油3汤匙，味淋3汤匙，清酒3汤匙

黑醋汁配西葫芦

一定要用文火煮西葫芦，且反复3~4次将汤水均匀地浇在西葫芦上，使其充分入味，这个操作至关重要。

制作方法

1 将白蘑菇四等分，西葫芦切成长3~4厘米的段，然后将中间掏空，泡在盐水中约10分钟。

2 将土豆切成丝，均匀蘸淀粉后，用油炸至金黄酥脆。

3 锅中倒入水，加入盐和糖，放入西葫芦用文火煮。

4 另取一只锅倒入油后稍摇匀，倒入白蘑菇翻炒，加入黑醋调味汁的所有材料一起翻炒熟。

5 在煮好的西葫芦中放入炸好的土豆丝，然后和用黑醋调味汁炒好的白蘑菇一起放入盘中。

明太鱼子土豆沙拉

材料 土豆2~3个，黄油1汤匙，明太鱼子2个，黄瓜1/2根，盐1/5茶匙，蛋黄酱1汤匙，原味优酪乳2汤匙，柠檬汁1茶匙

明太鱼子土豆沙拉

制作方法

1 锅中倒入能够没过土豆的足量的水，加入土豆和黄油一起煮。

2 去掉明太鱼子的外皮，将鱼子取出。

3 将黄瓜由上至下竖着切成两半，然后去除中间的子。

4 将去子的黄瓜切成薄片，均匀撒上盐后腌5分钟，再将其挤干水分。

5 将煮熟的土豆趁热剥皮，借助工具压成无颗粒的土豆泥。

6 在土豆泥中加入明太鱼子、腌黄瓜片、蛋黄酱、原味优酪乳和柠檬汁搅拌均匀。

蘑菇茄子沙拉

材料 蘑菇（不拘品种，但至少3种）300克，茄子1根，嫩芽沙拉叶1小把，油适量

黑醋蜂蜜汁 意大利香脂醋2汤匙，酱油2汤匙，味淋1汤匙，蜂蜜1汤匙，橄榄油4汤匙

蘑菇茄子沙拉

制作方法

1 将所有蘑菇切薄片。

2 将茄子由上至下竖着切成两半后，再切成半圆形的薄片。

3 锅中倒入油后稍摇匀，加入蘑菇和茄子翻炒至水分蒸发。

4 将黑醋蜂蜜汁的所有材料均匀混合在一起。

5 把炒好的蘑菇和茄子出锅装盘，顶层撒上嫩芽沙拉叶，食用前浇上黑醋蜂蜜汁。

绿茶布丁

材料 抹茶粉2汤匙，鲜奶油1杯，牛奶1杯，砂糖3汤匙，吉利丁片2片，装饰用蜜红豆、打发鲜奶油、水果适量

绿茶布丁

制作方法

1 将吉利丁片放入冰水中泡软。

2 锅中放入鲜奶油、牛奶、砂糖和抹茶粉，用文火慢慢煮至砂糖颗粒溶化。

3 关火后，在2的材料中放入泡软的吉利丁片，搅拌至其完全熔化。

4 将3的布丁液倒入适宜的容器中，至约3/5高度即可，然后移至冰箱中冷藏待其凝固。

5 食用前装饰蜜红豆、打发鲜奶油和水果。

苹果优酪乳

材料 苹果1个，原味优酪乳1瓶，朗姆酒或者干邑酒1/4茶匙

苹果优酪乳

2-1

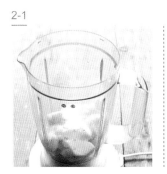

2-2

3

制作方法

1 将苹果削皮、去核，然后切成大块（150~200克）。

2 将切好的苹果块和原味优酪乳一起倒入搅拌机中充分搅拌、粉碎。

3 加入朗姆酒或者干邑酒以增添风味。盛入杯中后可用苹果块、柠檬片等装饰。

慰劳

的

一碗

我 的 人 生 之 春 ， 为 自 己 准 备

土豆浓汤

材料 土豆2个，小个洋葱1个，大蒜2瓣，牛奶2杯，水1/2杯，罐头鸡汤1/2杯，盐1/4茶匙，胡椒粉、炸饺子皮、黄油、装饰用蔬菜适量

土豆浓汤

制作方法

1 将大蒜切片，洋葱和土豆切丝。

2 锅中放入适量黄油熔化后，加入大蒜片炒香。

3 在锅中依次加入洋葱和土豆，翻炒至其变透明。

4 在3的锅中倒入牛奶、水和罐头鸡汤，煮至沸腾起泡后关火。

5 将4的材料倒入搅拌机中充分搅拌、粉碎，再次倒入锅中煮至沸腾起泡后关火，撒入盐和胡椒粉调味。

6 盛入碗中，用切成丝的炸饺子皮和蔬菜装饰。

苹果奶油浓汤

材料　苹果2个，洋葱1个，水1¹/₂杯，罐头鸡汤1/2杯，鲜奶油1/2杯，牛奶1/2杯，盐1/3茶匙，橄榄油2汤匙，肉桂粉、胡椒粉少许

苹果奶油浓汤

制作方法

1 将苹果削皮去核，切成丝。

2 洋葱也切成丝。

3 锅中倒入橄榄油摇匀后，倒入洋葱翻炒至其变透明，再倒入苹果丝一起翻炒。

4 在3的锅中倒入罐头鸡汤和水，煮开后倒入搅拌机中充分搅拌、粉碎。

5 将搅拌机中的汤汁重新倒回锅中，倒入牛奶和鲜奶油再次煮开，加入盐和胡椒粉调味。

6 撒上少量的肉桂粉。

明太魚子意大利面

材料 明太鱼子100克，黄油60克，大蒜2瓣，刺山柑（Caper）1汤匙，帕玛森奶酪粉30克，直条形意大利面160克，盐、胡椒粉、海苔丝适量

明太鱼子意大利面

制作方法

1 将大蒜切片，去除明太鱼子的外皮取出鱼子。

2 在煮沸的水中放入意大利面，将面煮熟。

3 锅中放入50克黄油，待熔化后，加入蒜片和刺山柑一起翻炒。

4 在3的锅中放入煮熟的意大利面再次均匀翻炒。关火后，加入鱼子和10克黄油搅拌均匀。加入适量的盐和胡椒粉调味。

5 出锅装盘后撒适量帕玛森奶酪粉和海苔丝。

材料 即食豆腐1块，糯米粉1/2杯，茄子1/2根，杭椒少许，紫苏叶适量，干鲣鱼薄片适量
调味汁 鲣鱼高汤1杯，淡口酱油1汤匙，酱油1汤匙，味淋1汤匙

日式炸豆腐

日式炸豆腐即扬出豆腐（Agedashi Tofu），是在居酒屋中经常被点的一道菜，将豆腐油炸后浇上鲣鱼高汤制作的调味汁而成。无论是作为一道菜肴，还是作为一道下酒小菜，它都是毫不逊色的。

如果给豆腐裹上面粉或者淀粉，油炸的时候所裹表皮会容易脱落；而裹上糯米粉，不仅表皮不易脱落，而且口感也更加酥脆可口。

制作方法

1 将豆腐沥干水分，切成适合食用的大小。

2 将茄子切成手指大小的条状，在表层切十字花刀。

3 将切好的豆腐均匀裹上糯米粉。

4 在鲣鱼高汤中加入淡口酱油、酱油和味淋，略煮一下制成调味汁。

5 将豆腐、茄子、杭椒和紫苏叶放入油锅中炸至金黄酥脆。

6 在碗中摆放上炸好的豆腐、茄子、杭椒和紫苏叶，浇上调味汁，最后撒上适量干鲣鱼薄片即可。

咖喱酱汁
墨西哥玉米片

材料 墨西哥玉米片4片，洋葱1/2个，黄砂糖2汤匙，肉桂粉、橄榄油少许

咖喱酱汁 罐头鸡汤1/2杯，牛奶1/2杯，泰式红咖喱酱1/2汤匙，咖喱粉1茶匙，胡椒粉少许

咖喱酱汁墨西哥玉米片

制作方法

1 洋葱切成碎末。

2 将洋葱放入锅中轻轻翻炒至洋葱变为褐色。

3 锅中倒入罐头鸡汤、牛奶、泰式红咖喱酱、咖喱粉和胡椒粉，煮至沸腾起泡后关火，制成咖喱酱汁。

4 将墨西哥玉米片切成大三角块，摆入烤盘中并均匀涂抹上橄榄油，再均匀撒上黄砂糖和肉桂粉，放入预热约200℃的烤箱中，烘烤至酥脆。

5 将烤好的玉米片和咖喱酱汁一起装盘即可。

材料　大米2杯，盐1/2茶匙，糖1汤匙，食醋1汤匙，海带1块，嫩芽沙拉叶适量

蟹肉蛋黄酱　人造蟹肉丝1杯，黄彩椒末1/3杯，洋葱末1/3杯，盐1/3茶匙，蛋黄酱4汤匙，糖$1\frac{1}{2}$汤匙，胡椒粉适量

辣金枪鱼酱　金枪鱼罐头2罐（300克），泰式香甜辣椒酱2汤匙，蛋黄酱2汤匙，洋葱末1汤匙，胡椒粉适量

寿司杯

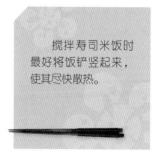

制作方法

1　锅中倒入淘洗好的大米和海带，倒入比平时蒸米饭时略少的水，焖出粒粒分明的米饭。

2　将焖好的米饭倒入大口的盆中，加入盐、糖和食醋充分搅拌均匀，制成寿司用的米饭。

3　将蟹肉蛋黄酱的所有材料均匀混合在一起。

4　将辣金枪鱼酱的所有材料均匀混合在一起。

5　将寿司米饭、蟹肉蛋黄酱和辣金枪鱼酱一层一层地盛入透明的杯子中，最后在顶层装饰适量的嫩芽沙拉叶。

搅拌寿司米饭时最好将饭铲竖起来，使其尽快散热。

材料　猪里脊肉200克（清酒1汤匙，味淋1汤匙，胡椒粉少许，酱油1茶匙，淀粉1汤匙），香菇5个，竹笋100克，洋葱1/2个，水发木耳50克，鸡蛋1个，水3杯，罐头鸡汤2杯，蒜蓉辣椒酱2汤匙，酱油1汤匙，清酒1汤匙，味淋1汤匙，糖1汤匙，食醋2汤匙，蚝油1汤匙，葱末适量

日式酸辣汤

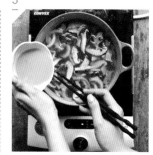

制作方法

1 将猪里脊肉切丝，加入清酒、味淋、胡椒粉、酱油、淀粉腌制备用。

2 将香菇、竹笋切片，洋葱、木耳切丝，蛋液打散。

3 锅中倒入水和罐头鸡汤，煮开后，加入猪里脊肉丝和香菇、竹笋、洋葱、木耳。

4 在3的锅中加入蒜蓉辣椒酱、酱油、清酒、味淋、糖、食醋和蚝油，一起煮至沸腾。

5 关火后，将已打散的蛋液分次少量倒入汤中冲成蛋花，出锅后盛入碗中，撒适量葱末。

圣女果杯蟹肉沙拉

材料 圣女果20个，人造蟹肉1杯，洋葱丁1汤匙，黄彩椒末2汤匙，酸黄瓜末2汤匙，蛋黄酱2汤匙，黄芥末酱1/2汤匙，特级初榨橄榄油1茶匙，柠檬汁1茶匙，糖1汤匙，盐、胡椒粉少许

圣女果杯蟹肉沙拉

1

2-1

2-2

3

制作方法

1 将圣女果连绿蒂的顶层切下来作为盖子，用小口挖球器将圣女果掏空成碗状。

2 将人造蟹肉撕成短丝后，加入洋葱丁、黄彩椒末、酸黄瓜末、蛋黄酱、黄芥末酱、特级初榨橄榄油、柠檬汁、糖、盐和胡椒粉搅拌均匀，制成蟹肉沙拉。

3 将蟹肉沙拉填到掏空的圣女果中，盖上盖子。

巧克力
火锅

材料 鲜奶油1¹/₂杯，巧克力200克，蛋黄2个，黄油2茶匙，水果或者饼干适量

巧克力火锅

制作方法

1 按个人喜好选择巧克力，然后将其切碎。蛋黄打散备用。

2 锅中倒入鲜奶油加热至温热，倒入碎巧克力和蛋黄充分搅拌，至巧克力完全熔化。

3 待巧克力完全熔化后，倒入黄油搅拌，使黄油也完全熔化。

4 将喜欢的饼干或者水果等装盘，蘸取巧克力液食用。

抹茶阿芙佳朵

材料 牛奶2杯，抹茶粉2汤匙，冰激凌球2个，装饰用水果或者饼干适量

抹茶阿芙佳朵

制作方法

1 将牛奶倒入抹茶粉中充分搅拌至无颗粒。

2 将抹茶牛奶加热。

3 将冰激凌盛入容器中，浇上热的抹茶牛奶。

4 可以根据个人喜好搭配水果或者饼干一起食用。

　　阿芙佳朵（Affogato）是在冰激凌上浇上热的意大利浓咖啡而制成的一款甜品，使用添加了优质抹茶粉的热牛奶来取代咖啡也别有一番风味。

　　冰凉的冰激凌与热乎乎的抹茶牛奶的组合甜蜜可口，在慵懒的午后尽情享受吧。

为美食锦上添花的
日式小菜

凉拌荷蒿苹果

材料 荷蒿200克，苹果1/4个，核桃仁20克，水2杯，小苏打粉少许，酱油1汤匙，糖1汤匙

制作方法 **1** 锅中倒水，加入少许小苏打粉，倒入核桃仁，煮约1分钟将核桃仁去皮。**2** 将已去皮的核桃仁进行研磨，倒入酱油和糖均匀混合。**3** 将荷蒿焯水后，再用凉水过凉，挤干水分。**4** 把苹果切细丝。**5** 将荷蒿和苹果倒入2的材料中，均匀混合。

**日式
炒牛蒡**

材料 牛蒡100克，胡萝卜60克，香油1汤匙，清酒1汤匙，味淋1汤匙，糖1茶匙，酱油1汤匙，芝麻少许，杭椒3个

制作方法 1 将牛蒡、胡萝卜和杭椒清洗干净，切丝备用。2 锅中倒香油摇匀，倒入牛蒡和胡萝卜翻炒。3 在2的锅中加入清酒、味淋、糖和酱油翻炒熟，关火，加入芝麻和杭椒丝拌匀。

藕片
梅干
拌黄瓜

材料 藕段10厘米长，黄瓜1/3根，梅干2颗，酱油2茶匙，味淋1汤匙，干鲣鱼薄片1汤匙，食醋1汤匙

制作方法 1 将藕去皮切片，倒入加了食醋的沸水（大约1杯的量）中焯水。2 将黄瓜切成半圆片备用。3 将梅干和干鲣鱼薄片切碎。4 在3的材料中加入酱油、味淋、藕和黄瓜拌匀。

凉拌芝麻四季豆

材料　四季豆 1 包（10~13根），芝麻3汤匙，清酒1/2汤匙，糖2汤匙，酱油$1\frac{1}{2}$汤匙，盐少许

制作方法　1 在煮开的沸水中加入盐，倒入四季豆焯水20~30秒，再把四季豆放入冰水中冷却。2 在已研磨的芝麻中倒入清酒、糖、酱油均匀搅拌，调成调味汁。3 将四季豆切成适合食用的短条，浇上调味汁拌匀。

核桃豆腐酱汁拌菠菜

材料 即食豆腐1/2块，糖1汤匙，淡口酱油1茶匙，研磨后的核桃仁末100克，菠菜1杯，牛蒡1/3杯，蘑菇1/3杯

制作方法 1 将即食豆腐碾碎，加入糖、淡口酱油和核桃仁末拌匀，制成核桃豆腐酱汁。2 将菠菜焯水，切成适合食用的长度。3 将牛蒡切扁片，焯水。4 将蘑菇切薄片，焯水并沥干水分。5 将菠菜、牛蒡、蘑菇混合装入碗中，倒入核桃豆腐酱汁拌匀。

材料 茄子1个，黄瓜1根，生姜1块，牛肉100克，淡口酱油1汤匙，油适量 **牛肉调料** 酱油1汤匙，糖1茶匙，香油1汤匙，胡椒粉少许

日式黄瓜 茄子小炒

制作方法 1 将牛肉切成适合食用的大小，加入酱油、糖、胡椒粉和香油，腌制备用。2 将黄瓜和茄子切成半圆片，生姜切丝。3 锅中倒油摇匀，倒入牛肉翻炒一会儿，再倒入黄瓜、茄子和淡口酱油一起翻炒。4 最后倒入生姜丝翻炒。

幸福的一碗

为 亲 爱 的 家 人 准 备

鸡肉
生菜卷

材料　鸡胸肉400克（咖喱粉1汤匙，花椒粉1/2汤匙，柠檬汁2汤匙），黄瓜1根（糖1/2汤匙，食醋1汤匙，盐1/4茶匙），胡萝卜丝1杯（盐、胡椒粉少许），绿豆芽、罗马绿生菜适量，油适量
花生酱汁　酱油1/4杯，糖3汤匙，味淋2汤匙，花生酱2汤匙，食醋1汤匙，水2汤匙
辣酱汁　泰式香甜辣椒酱3汤匙，酱油1汤匙，味淋2汤匙，蛋黄酱1汤匙

鸡肉生菜卷

1-1

1-2

1-3

2

制作方法

1 将鸡胸肉竖着切成长条，加入咖喱粉、花椒粉和柠檬汁腌制。锅中倒油，将已腌好的鸡胸肉煎熟。

2 把黄瓜由上至下竖着切成两半，用小勺将瓤掏空，切成薄片，用糖、食醋和盐拌好。

3 锅中加入胡萝卜丝、盐和胡椒粉一起翻炒。

4 把绿豆芽和罗马绿生菜洗干净备用。

5 将花生酱汁和辣酱汁的所有材料分别均匀混合。

6 将罗马绿生菜和其他处理好的材料分别摆放在大盘子中。

7 用罗马绿牛菜包起其他材料，根据个人喜好蘸取酱汁食用。

芝麻酱汁素面

材料　素面200克，黄瓜1根，圣女果10个，萝卜芽苗菜适量，鸡蛋2个，盐少许，清酒2茶匙

芝麻酱汁　鲣鱼高汤2杯，研磨芝麻粉5汤匙，味淋3汤匙，清酒3汤匙，酱油5汤匙，姜末1汤匙，辣椒油1茶匙，盐少许，葱末3汤匙

芝麻酱汁素面

在韩国，人们主要用芝麻撒在菜肴顶层作为装饰；而在日本，人们多将芝麻研磨后制作调味汁。用香香的芝麻调成芝麻酱汁，素面和蔬菜一起蘸取食用，特别开胃。

制作方法

1 先将素面煮熟，倒入凉水中过凉，沥水后装盘并放上冰块。

2 将蛋液打散，加入盐和清酒，摊成一块薄薄的蛋皮，切成蛋皮丝。

3 将黄瓜切丝，圣女果切成适合食用的大小。

4 将芝麻酱汁除葱末的所有材料均匀混合，然后撒上葱末。

5 将素面、蛋丝和蔬菜蘸取芝麻酱汁食用。

得-墨料理风
烤肋排

材料　30厘米长的肋排 1 块，大蒜2瓣，迷迭香少许

调味酱汁　大蒜2瓣，辣椒粉2汤匙，塔巴斯科辣椒酱1汤匙，蜂蜜1/2杯，意大利香脂醋1/4杯，小茴香1茶匙，盐1茶匙

得-墨料理风烤肋排

制作方法

1　将肋排泡入凉水中去除血水。

2　将清洗干净的肋排放入锅中，倒入水至能够没过肋排，加入大蒜和迷迭香，用小火煮约30分钟，将肋排煮熟。

3　将调味酱汁的所有材料均匀混合在一起调成酱汁。

4　在煮熟的肋排上，均匀涂抹上调味酱汁，放入预热200℃的烤箱中，烘烤30~40分钟。

5　烘烤时间过半时将肋排翻面，再次涂上调味酱汁继续烘烤。

6　肋排烤好后切开放入盘中。

得-墨料理 Tex-Mex
　混合美国得克萨斯州与墨西哥式食物风格的料理被称为得-墨料理，它独特的风味受到男女老少的喜爱。

小茴香 Cumin
　它是印度料理与泰国料理中经常用到的一种香料，是制作咖喱时不可缺少的一种重要材料。使用前略炒制一下，研磨成粉状再使用。

塔巴斯科辣椒酱　Tabasco Sauce
　它是一种用塔巴斯科辣椒制作的美国产辣椒酱。

御好烧（什锦煎饼）

材料　面粉1杯，鸡尾虾（见87页）5只，培根4片，山药60克，鲣鱼高汤1杯，鸡蛋1个，卷心菜150克，葱末1/3杯，干鲣鱼薄片、蛋黄酱、炸猪排酱汁适量，油适量

御好烧（什锦煎饼）

1-1
1-2

2
3

制作方法

1　将鸡尾虾和培根切成适合食用的大小，卷心菜切成丝，山药搅拌成泥。

2　面粉中倒入山药泥、鲣鱼高汤和鸡蛋充分搅拌均匀，再倒入卷心菜丝、鸡尾虾和葱末。

3　锅中倒油摇匀，将2的面糊倒入锅中摊成圆饼，均匀放上培根片。

4　将圆饼两面煎至金黄，直至煎熟。

5　出锅装盘后浇上炸猪排酱汁和蛋黄酱，最后撒上适量干鲣鱼薄片即可食用。

日式酱菜拌饭

材料 米饭4杯，各式酱菜3种（各2汤匙），研磨芝麻粉2汤匙，盐1/4茶匙，酪梨1个，鸡尾虾（见87页）10只，人造蟹肉2个，干鲣鱼薄片适量，泰式香甜辣椒酱适量

蛋黄调味酱汁 蛋黄2个，白醋1汤匙，糖1汤匙，盐1/3茶匙，橄榄油1杯，黄芥末酱1茶匙

日式酱菜拌饭

制作方法

1 将3种不同的酱菜分别切成丁，人造蟹肉切丝，酪梨切成半圆薄片。

2 米饭中加入酱菜丁、研磨芝麻粉和盐拌匀。

3 将米饭装盘，用手大致塑形。

4 依序将人造蟹肉、酪梨、鸡尾虾摆放到米饭上。

5 将蛋黄调味酱汁的所有材料用搅拌机均匀混合。

6 将蛋黄调味酱汁和泰式香甜辣椒酱浇在米饭上。

7 最后在顶层撒上适量的干鲣鱼薄片。

日式酱菜即腌渍蔬菜，主要使用盐或者酱油等调料进行咸味腌渍，最被大家熟知的日式酱菜便是黄色的腌萝卜了。利用酱菜制作的酱菜拌饭，由于多样的配料和调味料而受到男女老少的喜爱。

材料　荞麦面面条200克，黄瓜1根，胡萝卜1/2根，虾10只（酱油1汤匙，咖喱粉1汤匙，胡椒粉少许，味淋1汤匙，清酒1汤匙）

调味汁　酱油2汤匙，青芥辣2茶匙，柠檬汁2汤匙，食醋2汤匙，糖2汤匙，橄榄油或者葡萄籽油4汤匙，香油2汤匙

宴会荞麦面

制作方法

1 将黄瓜和胡萝卜用刨丝器擦丝，将调味汁的所有材料均匀混合在一起，置于冰箱中冷藏备用。

2 将荞麦面面条煮熟，沥干水分，倒入蔬菜丝和调味汁，搅拌均匀。

3 将已经用酱油、咖喱粉、胡椒粉、味淋和清酒腌过入味的虾，用锅煎熟。

4 将面条盛入适宜的容器中，每只虾上插一根竹签后摆放在顶层。

双层酱汁冷虾杯

材料 冷冻鸡尾虾（见87页）20只，红、黄彩椒各1个，四季豆1杯

酸奶油酱 酸奶油1/2杯，鲜奶油1/2杯，辣根酱1茶匙，盐1/5茶匙，柠檬汁1汤匙，糖1茶匙，胡椒粉适量

鸡尾酱（Cocktail Sauce） 调味番茄酱2汤匙，甜辣酱1汤匙，塔巴斯科辣椒酱1茶匙，柠檬汁1茶匙，糖1茶匙

双层酱汁冷虾杯

制作方法

1 将鸡尾虾提前解冻备用。

2 将彩椒和四季豆分别切成手指长度的细条。

3 将两种酱的所有材料分别混合均匀。

4 将开胃酱和酸奶油酱分两层依次倒入威士忌酒杯中，再将鸡尾虾和蔬菜条插在酒杯中即可。

恺撒沙拉

材料 罗马绿生菜2小把，吐司2片，帕玛森奶酪粉1/2杯，橄榄油适量

恺撒沙拉酱 蛋黄1个，伍斯特辣酱油1茶匙，柠檬汁2汤匙，大蒜1/2瓣，咸味鳀鱼2条，第戎芥末酱（Dijon Mustard）1茶匙，橄榄油1/3杯，胡椒粉适量

恺撒沙拉

制作方法

1 将蛋黄隔热水搅打，使蛋黄被烫得略熟。

2 将蛋黄液和恺撒沙拉酱的其他所有材料倒入搅拌机中，搅拌、粉碎使其均匀混合，即制好恺撒沙拉酱。

3 将吐司片切成小块，涂上橄榄油，放入预热200℃的烤箱中，烘烤约5分钟，烤至金黄酥脆。

4 盘中摆放罗马绿生菜和烤好的吐司块，浇上恺撒沙拉酱，撒上帕玛森奶酪粉。

圣女果干
三明治

材料 圣女果10个，法棍面包10片，奶油奶酪200克，嫩芽沙拉叶 1 小把，盐、胡椒粉少许，特级初榨橄榄油、意大利香脂醋适量

圣女果干三明治

制作方法

1 将圣女果对半切开，切面朝上摆放在烤网上。

2 圣女果上撒少许的盐和胡椒粉。

3 烤箱预热至100℃，烘烤约3小时，制成圣女果干。

4 将法棍面包斜着切成1厘米厚的面包片。

5 在面包片上涂抹奶油奶酪，再放上适量嫩芽沙拉叶，最后放上圣女果干。

6 食用前洒上适量的特级初榨橄榄油和意大利香脂醋。

松久信幸风格的
金枪鱼沙

材料 冷冻金枪鱼1块，黄瓜1/2根，樱桃萝卜、芦笋、嫩芽沙拉叶适量，盐、胡椒粉适量，油适量

沙拉调味酱 洋葱泥3汤匙，白萝卜泥1/2杯，酱油3汤匙，食醋1汤匙，糖1茶匙，芥末1/2茶匙，盐、胡椒粉少许，水4茶匙，香油2汤匙+1茶匙，葡萄籽油2汤匙+1茶匙，味淋2汤匙

松久信幸风格的金枪鱼沙拉

制作方法

1 将金枪鱼泡入水（水1升，盐1汤匙）中解冻，然后用干净的布或者厨房用纸包起来，将血水擦干净。

2 在解冻后的金枪鱼表层撒上充足的盐和胡椒粉。

3 将芦笋焯水，用削皮器将黄瓜由上至下削成薄薄的长条片，将樱桃萝卜切薄片，准备好嫩芽沙拉叶。

4 将沙拉调味酱的所有材料均匀混合在一起，即制成沙拉调味酱。

5 锅中倒少量油摇匀，放上金枪鱼，只将其表层煎熟，内里保持生的状态。

6 将金枪鱼切成适合食用的小片。

7 盘中先满满地浇上沙拉调味酱，然后均匀摆放上金枪鱼片和蔬菜。

> 松久信幸（Nobuyuki Matsuhisa）是一位闻名世界的日本名厨，他以Nobu这个名字活跃于美国烹饪界。他吸取传统日式料理的精华，同时大胆创新，在其中融入世界各地的美食特色，在全世界19个城市经营着25家餐厅。这道金枪鱼沙拉修改于松久信幸的食谱，制作简单且造型美观，非常适于招待客人。

鸡肉卷

材料 鸡胸肉500克，面粉1/2杯，鸡蛋2个，面包糠1/2杯，油足量

内馅 菠菜300克，帕玛森奶酪1/2杯，黄油2汤匙，松子2汤匙，核桃仁2汤匙，大蒜2瓣，肉桂粉1/5茶匙

蛋黄芥末酱 蛋黄酱1/2杯，炼乳1/3杯，白葡萄酒醋1茶匙，粗粒芥末酱1茶匙

鸡肉卷

制作方法

1 将鸡胸肉用刀竖着片成宽的薄片。

2 将菠菜焯水后切碎，将帕玛森奶酪刨成碎片，然后将内馅的所有材料均匀混合在一起。

3 把鸡胸肉薄片铺平摊开，几片摞在一起，放上适量的内馅，卷成卷儿。

4 将蛋液打散。将3的鸡肉卷按照顺序依次裹上面粉、蛋液和面包糠。

5 锅中倒入足量的油，将鸡肉卷炸至内馅熟透。

6 将炸好的鸡肉卷切成适合食用的圆片，将蛋黄芥末酱的所有材料均匀混合，浇在鸡肉卷切片上即可食用。

胡蘿蔔
雪糕

材料 中筋面粉140克，泡打粉1茶匙，小苏打1茶匙，肉桂粉1汤匙，鸡蛋2个，葡萄籽油120毫升，糖1/2杯，胡萝卜适量，盐1/3茶匙，各类坚果1/2杯

胡萝卜蛋糕

制作方法

1 将胡萝卜用刨丝器刨成丝，够1杯的量即可。

2 把除了坚果的所有其他材料倒入搅拌机中均匀搅拌、粉碎。

3 将搅拌好的2的材料倒入适宜的烤模中，顶层撒上适量的坚果。

4 将烤模放入预热180℃的烤箱中，烘烤30~40分钟即可。

焦糖
布丁

材料 鲜奶油1杯，牛奶1/4杯，蛋黄4个，糖2汤匙，青梅汁2汤匙，黄砂糖适量

焦糖布丁

制作方法

1 锅中倒入鲜奶油和牛奶，边搅拌边加热至温热（注意不要煮沸，加热至60℃左右即可）。

2 另取一只大碗，倒入蛋黄、糖和青梅汁混合均匀。

3 将1的材料分次慢慢倒入2的材料中，边倒边搅拌。

4 再将3的材料用筛网过滤掉杂质。

5 将做好的布丁液倒入容器中，并放入烤盘。烤盘中倒入适量的水，放入预热180℃的烤箱中，水浴法烘烤20~25分钟，直至烤熟。

6 置于冰箱中冷藏存放。食用前，先撒上一层黄砂糖，然后再用火枪喷烤黄砂糖，以烤出香脆的焦糖。

如果没有烤箱，也可以利用蒸锅制作。

法式火烧香蕉

材料 香蕉2根，糖4汤匙，黄油2汤匙，柠檬汁1汤匙，肉桂粉1/2茶匙，朗姆酒1汤匙，冰激凌球1个

法式火烧香蕉

法式火烧香蕉（Banana Flambé）是一道很有名的将水果与调味汁一起烹饪的法式料理，是在即将食用餐后甜点前先品尝的一道甜品。

制作方法

1 将香蕉切圆片。

2 锅烧热后，加入糖、黄油和柠檬汁均匀搅拌，直至黄油和糖化开。

3 在2的锅中倒入香蕉片和肉桂粉，略翻炒一下。

4 待香蕉片两面都快呈金黄色时，倒入朗姆酒增添风味。注意，酒度数较高时锅中有可能会起火苗，几十秒后火苗会自动熄灭。

5 出锅装盘，盘中再放入一个冰激凌球。

泰式红咖喱

材料 中等大小的虾6只，茄子1个，洋葱1/2个，辣椒1个，柠檬汁1汤匙，鱼露1汤匙，泰式红咖喱酱2汤匙，椰奶2杯，橄榄油、胡椒粉、芫荽叶适量

泰式红咖喱

制作方法

1 将虾去除虾线，清洗干净。

2 将洋葱切成适合食用的大小，茄子切圆片。

3 在阔口锅中倒入橄榄油略摇匀，倒入洋葱、茄子和虾翻炒。

4 倒入泰式红咖喱酱翻炒，再倒入椰奶。

5 加入柠檬汁、鱼露、胡椒粉和辣椒，煮至沸腾起泡后关火。

6 出锅装盘，可根据个人喜好放上适量的芫荽叶。

{第二碗料理}

温暖心灵的日式汤

材料 土豆2个，猪里脊肉100克，洋葱1个，鲣鱼高汤4杯，清酒2汤匙，淡口酱油1茶匙，盐、七味唐辛子少许

制作方法 **1** 将土豆和洋葱切大块。**2** 猪里脊肉切丝。**3** 锅中倒入鲣鱼高汤，加入猪里脊肉、土豆、洋葱、清酒、淡口酱油和盐，焖煮至土豆完全熟透。**4** 出锅后，撒适量七味唐辛子后食用。

日式
猪肉
土豆汤

**味噌
黄瓜冷汤**

材料　黄瓜1根，鲣鱼高汤6杯，调和味噌2汤匙，葱末适量

制作方法　1 鲣鱼高汤中加入调和味噌略煮，味噌充分化开后，将汤冷却。2 将黄瓜切薄圆片。3 冷却后的味噌汤中加入黄瓜片，置于冰箱中冷藏。4 撒上适量的葱末即可食用。

材料 鲣鱼高汤5杯，淡口酱油1/2茶匙，盐1茶匙，清酒1茶匙，嫩豆腐1块，香菇3只，装饰用柠檬皮、三叶片少许

制作方法 1 在鲣鱼高汤中倒入淡口酱油、盐和清酒略煮。2 香菇去蒂，切大块放入1的材料中，再次煮开后捞出香菇备用。3 将嫩豆腐切成适合食用的方块，焯水或者使用微波炉略加热。4 碗中放入嫩豆腐、香菇、柠檬皮和三叶芹，倒入2的汤即可食用。

日式
豆腐素汤

材料 杂色蛤10只，香菇2只，鲣鱼高汤6杯，赤味噌2汤匙，葱末适量

制作方法 **1** 将杂色蛤洗干净后放入盐水中吐水。**2** 香菇去蒂切薄片。**3** 在鲣鱼高汤中加入杂色蛤焖煮。**4** 煮至杂色蛤开口后，加入香菇和赤味噌调味。**5** 关火出锅，撒上适量的葱末。

杂色蛤味噌汤

日式
鸡蛋豆腐汤

材料 鸡蛋1个，豆腐1/2块，香菇2只，鲣鱼高汤6杯，酱油1汤匙，盐少许

制作方法 1 将蛋液打散，豆腐切成适合食用的方块，香菇去蒂切薄片。2 鲣鱼高汤中加入酱油和盐调味并略煮。3 2的汤煮开后，加入豆腐和香菇，煮沸至起泡。4 倒入蛋液搅拌，冲出蛋花即可。

日式料理和食器

日式料理的传统就餐礼仪

　　日式料理，在日本被称为"和食"(Wasyoku，わしょく)。"和"字象征着日本的传统文化，因此只要带有"和"字的词汇，通常意指日式传统。

　　日式料理的传统就餐方法有两个特点，即不使用勺子和用手端着碗进食。下面就来简单了解一下日式料理的传统就餐礼仪。

筷子的使用方法

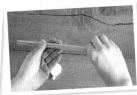

1 首先将筷子横放。

2 拿筷子时，先用右手拿起筷子的上面部分，再用左手在另一边支撑着。

3 最后再将右手滑到下方拿起筷子即可。

手中有碗时筷子的拿法

1 左手把碗拿起。

2 再用右手将桌上的筷子拿起，将筷子的左端夹在拿着碗的左手手指间。

3 然后右手反转拿住筷子。

使用筷子的礼节

　　进食日式料理时，一般是把饭碗放在左面，而把汤碗放在右面。用手端着饭碗或者汤碗，然后使用筷子来夹食米饭和配菜。进食前，筷子架在托盘的右边；而在进食中如果要放下筷子，应把它架在托盘左侧并露出筷子的尖端，从而避免弄脏桌子。

进食时的礼节

　　1 手中拿着筷子时再用手去做其他动作是违反礼节的。不使用筷子时，应该将筷子放下。

　　2 用筷子轻轻夹起食物后食用，不能像使用叉子一样用筷子叉住食物食用。

　　3 不能将筷子摆在食器上面。

日式食器

　　虽然日式食器受到很多人的喜爱，但是在韩国想要购买却十分不易。虽然销售商也会通过多种途径进口日本的食器，但是大多都是现代风格的商品，想要购买传统的日式食器仍然是十分困难的一件事。因此，我通常会直接去日本购买传统风格的商品。

　　购买食器时有几点注意事项。首先，对于同品牌产品，不要一次性购买同一种风格的全部产品。因为，与西方食器不同，如果购买一整套的日本食器，搭配在一起会显得比较单调。由于摆放在餐桌上的每一道菜肴的色和形都不同，如果能够选择与之相协调的食器来盛放，那么不仅美观还富有乐趣，让制作料理的人和享用美食的人同时能够体验食器所带来的感官享受。

　　另外，不建议购买两只以上相同的日式食器。由于汤碗的设计造型相对而言比较单一，因此可以购买类似而不相同的产品。另外，建议饭碗、菜碟、菜盘等每一种设计也只购买一只。这样可以随时根据心情、菜肴和季节来灵活地选择使用。

　　最后，即使有想要购买的食器，也不要硬是一次性地购买齐全。每次购买一只心仪的食器，感觉像是为每只食器赋予一份专属的情感价值，日后偶然想起其中蕴含的充满人情味的故事，相信嘴角一定会浮起微笑。对于特别心仪的食器，应该好好保管以长久使用。

在日本购买食器和材料

　　每次去日本，我一定会去位于东京的合羽桥道具街(かっぱ 橋)。从烘焙材料到传统的日式食器和专用工具，在这里可以说没有买不到的东西，完全是厨房用品的天堂。另外，合羽桥道具街上的大部分商店都提供将所购买的商品使用快递直接寄送到酒店的服务，购物结束后可以在购买商品最多的商店选择这项服务，使整个购物轻松便利。

　　自由之丘（自由が丘）和代官山(代官山)、青山(青山)也有购物街。这些地方的胡同之中有很多独具个性的小店，可以在此了解到最新的流行趋势。另外，逛逛银座的三越百货公司和新宿的伊势丹百货公司的食品专柜，也会对了解日本最新的饮食文化有所帮助。

　　为了购买干鲣鱼等食材，我经常会去位于上野的传统市场和AME横商商业街(アメヤ横丁)的传统市场，后者也被简称为AMEYOKO商业街，是东京唯一保留下来的传统市场。

　　不少人也会选择去大阪或者京都购物。与东京相比，在美食方面大阪和京都也毫不逊色，特别是京都，可以说是日本文化的根源。如果去大阪，一定要去逛逛位于难波驿附近的传统市场，这里可是说是购物和美食集中地，对于喜欢美食的人来说，这里简直是一座主题公园。

饭碗 ごはんちゃわん

由于要将饭碗捧在手里进食，因此饭碗的质地必须轻盈；而且大部分带有一个有高度的底座，不然若饭比较热，捧着饭碗进食会很困难。

每次去日本时，我都会捎回来几个心仪又价廉的食器。比起过于简约的商品，我会选择画有小图案或者能吸引视线的商品。盛装白色米饭的饭碗得有一个亮点才不会显得单调，同时还能引起人欣赏图画的兴趣。饭桌前的每个人都使用各自不同的饭碗，也会显得特别有趣。

汤碗 汁椀, しるわん

与饭碗一样，由于要端着汤碗喝汤，汤碗质地必须轻盈而又不过于轻薄。由于喝汤时不使用勺子，而直接将碗放在嘴边喝下去，因此接触嘴唇的部位也必须光滑无痕；同时为了拿起来方便，汤碗的下面也有一个底座。我个人比较偏向于使用起来十分方便的木质汤碗，但是在正式就餐或者邀请客人时，还是建议使用漆器的商品比较好。

煮物碗 にものわん

　　煮物碗用来分装小菜和一品料理。韩国生产的瓷器也十分漂亮，使用韩国的产品也是很好的选择。当然你也可以选择名人的作品，但是去逛逛仁寺洞或者清溪川、黄鹤洞，你也会发现独特的食器。有时间可以去京畿道的利川市直接选购，想必这也是一大乐事吧。

　　平时看到心仪的小菜碟，也可以一两个地选购之后慢慢积攒。不一定非得按照它原本的用途来使用，只要与菜肴相协调，它就会成为实用的道具。

茶壶 急須, きびしょ

　　即便不能拥有很正规的昂贵茶壶，在家里准备一个方便冲泡绿茶的简易茶壶总是应该的。冲泡着茶水，茶壶能勾起我的各种浮想，因此我喜欢对我来说有特别意义的茶壶，作为礼物收到的茶壶、旅行时一眼相中购买的茶壶、虽然古老但是时常伴我左右的茶壶，等等。我个人比较喜欢大一些的茶壶，这样冲泡的茶水可以倒满大大的茶杯。

铁茶壶 釜定

对于茶来说，水的味道是十分重要的。用铁茶壶烧的水，和用一般茶壶烧的水，味道就是不同。但是铁茶壶也有着价格昂贵、保存不易、十分沉重、使用困难等缺点。除了选择直接去日本选购铁茶壶，还可以在韩国的黄鹤洞购买到。

筷枕，筷架 箸置き, はしおき

由于我素来特别喜欢小小的、可爱的东西，因此接触烹饪后，自然而然地被各种可爱的筷枕所吸引。由于每次吃饭时都会用到它，我通常会选择独具个性、十分漂亮的商品。筷枕有动物、食物等各式各样的造型，我经常会选择扇子和糯米团子等这些比较独特的造型。在旅行途中，随时购买心仪的筷枕，对我来说既是一种美好的回忆，又有了礼物可馈赠亲朋好友。

筷子 ^{箸, はし}

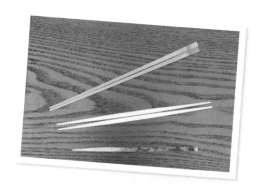

　　在家里最好使用天然材质的筷子，如木筷、竹筷等。选购光滑无痕的筷子，与相配的筷枕组合，摆放到餐桌上也是一个亮点。由于木质筷子在阳光下容易掉色，因此最好包好后置于阴凉通风处存放。

铁壶和风炉

　　铁壶和风炉在茶道中用于煮水。过去多使用炭火加热，最近则更多地使用电热型的风炉。铁壶和风炉非常重，从日本购买的话难度比较大。虽然难以购买、价格昂贵，但是如果能买到一台，也会觉得安心无比。

日式料理常用语

Karaage からあげ　　　　　　　　　　　　干炸（食品），指表层不裹其他材料的油炸食品

Kama 釜, かま　　　　　　　　　　　　　灶台铁锅

Katsuobushi かつおぶし　　　　　　　　干鲣鱼

Kaiseki Ryori 懷石料理, かいせきりょうり　　茶道中饮茶前食用的正餐料理

Kaiseki Ryori 會席料理, かいせきりょうり　　宴会或者聚会时的高级套餐料理

Genmai 玄米, げんまい　　　　　　　　玄米

Goma ごま　　　　　　　　　　　　　芝麻

Goma Tofu ごま豆腐　　　　　　　　　芝麻豆腐

Gomaabura ごまあぶら　　　　　　　　芝麻油

Konnyaku こんにゃく　　　　　　　　蒟蒻，即魔芋

Gyoza 餃子, ギョーザ　　　　　　　　饺子

Gyudon ぎゅどん　　　　　　　　　　牛肉盖饭

Kinpiragobo きんぴらごぼ　　　　　　金平牛蒡，炒牛蒡丝

Nabeyaki Udon なべやきうどん　　　　　砂锅乌冬面

Nabe 鍋, なべ　　　　　　　　　　　　锅

Negi ねぎ　　　　　　　　　　　　　　葱

Nukazuke ぬかずけ　　　　　　　　　　使用米糠腌渍的日本传统蔬菜酱菜

Nimono にもの　　　　　　　　　　　　烩煮料理

Niwatori にわとり　　　　　　　　　　鸡肉

Tamago 卵, たまご　　　　　　　　　　鸡蛋

Tamanegi たまねぎ　　　　　　　　　　洋葱

Dashi だし　　　　　　　　　　　　　　高汤

Tako たこ　　　　　　　　　　　　　　章鱼

Takoyaki たこやき　　　　　　　　　　章鱼烧，使用章鱼制作的街头小吃

Tare たれ　　　　　　　　　　　　　　调和日式酱料(调味液)

Dango だんご　　　　　　　　　　　　日式糯米团子串

Dengaku Tofu 田楽豆腐, でんがくどうふ　田乐豆腐，涂豆酱后烧烤制成的豆腐串

Tendon 天丼, てんどん　　　　　　　　天妇罗盖饭

Tenkasu てんかす　　　　　　　　　　炸天妇罗后产生的炸面糊碎屑

Tempura てんぷら　　　　　　　　　　天妇罗

Tofu 豆腐, とうふ　　　　　　　　　豆腐

Donburi どんぶり　　　　　　　　　盖饭

Tokkuri とっくり　　　　　　　　　德利，用来加热清酒用的小长颈瓶

Rakkyo らっぎょ　　　　　　　　　薤

Maguro まぐろ　　　　　　　　　　金枪鱼，鲔鱼

Matsutake まつだけ　　　　　　　　野生松茸

Matcha 抹茶, まっちゃ　　　　　　　将绿茶研磨成粉末的高级粉末茶，抹茶

Monaka もなか　　　　　　　　　　红豆夹馅糯米饼

Mochi もち　　　　　　　　　　　用糯米制作的年糕

Mochiko もちこ　　　　　　　　　糯米

Mirin 味醂, みりん　　　　　　　　味淋

Misoshiru みそしる　　　　　　　　味噌汤，大酱汤

Miso みそ　　　　　　　　　　　味噌，日本大酱

Mitsuba 三葉, みつば　　　　　　　三叶芹

Bento べんとう　　　　　　　　　便当、盒饭

Sake 酒，さけ　　　　　　　　　　清酒

Senbei 煎饼，せんべい　　　　　　　煎饼

Sencha 煎茶，せんちゃ　　　　　　　日本煎茶

Somen そめん　　　　　　　　　　素面

Soba そば　　　　　　　　　　　　荞麦面

Soy しょうゆ　　　　　　　　　　酱油

Sushi すし　　　　　　　　　　　寿司

Sushiya すしや　　　　　　　　　寿司屋

Tsukemono 漬物，つけもの　　　　　日式酱菜

Tukidasi つきだし　　　　　　　　饭前简单食用的小菜

Agedashi Tofu あげだしとうふ　　　日式炸豆腐

Agemono 揚物，あげもの　　　　　炸物

Awasezu 合酢，あわせず　　　　　混合醋，醋调味料的统称

Aji 味，あじ　　　　　　　　　　味道

Aka Dashi 赤味，あかだし　　　　　赤味噌汤

Yagi Nori やきのり　　　　　　　烤海苔

Yaginiku 焼き肉, やきにく	日式烤肉
Yakitori やきとり	烤鸡肉串
Ebi えび	虾
Onigiri おにぎり	饭团
Oden おでん	关东煮，鱼饼加入各式的食材后一起煮制的锅料理
Osechi Ryori お節料理, おせちりょうり	御节料理，日本的正月料理
Oyako Donburi おやこどんぶり	亲子饭，鸡肉鸡蛋盖饭
Ochazuke おちゃづけ	茶泡饭，用热茶水来泡饭
Okonomiyaki おこのみやき	御好烧，加入喜好的食材制作的日式煎饼
Wasabi わさび	山葵酱，青芥辣
Wasyoku 和食, わしょく	和食，日式料理
Umeboshi 梅干, うめぼし	日式腌渍梅干
Ushiniku 牛肉, うしにく	牛肉
Inarizushi いなりずし	豆腐皮寿司
Ichiban Dashi いちばんだし	一番出汁，首次煮好的鲣鱼高汤
Chawan 茶碗, ちゃわん	饮茶时使用的碗
Kagaimo じゃがいも	土豆

Chirasi Zushi ちらしずし　　　　　　　　散寿司饭，将切成薄片的鱼生、鸡蛋、蔬菜等与寿司混合，顶层放蛋皮丝、生姜等材料的一种寿司

Pons ポンず　　　　　　　　　　　　　用柑橘类果汁或者食醋制成的酸甜口味的酱油调料

Hashi はし　　　　　　　　　　　　　筷子
Hashi Oki はしおき　　　　　　　　　筷枕
Hon Maguro ほんまぐろ　　　　　　　蓝鳍金枪鱼，黑鲔鱼
Hiyashi Somen ひやしそめん　　　　　冷素面

写在本书结束之际

烹饪是我现在最着迷的兴趣。十年前，我读过一本韩国作家金薰写的名为《自行车旅行》的随笔集，正是以这本书为契机，我开始了对烹饪的深刻思考。

"活着时，那些所谓美好的东西从未因我的饥渴而给过我甚至一小口水。那些所谓的美好就好似这世上无法理解的命运一样背叛了我。因此，我只能用最贫乏的那一纸文字来和命运抗争。我将百战百败。"

读了《自行车旅行》的这段美丽序言后，我就深深地陷入其中了。书中最能引起内心共鸣的，便是作者对食物那种罕见的态度。

"凌晨，骑着自行车在公园里转了几圈。回到家，打开玄关门的那一刻，屋里正弥漫着汤的味道。从香气中我猜出了这是茶菜大酱汤，妻子因此特别高兴。一口汤为身心打开了一片崭新天地，这碗汤让我内心充满了喜悦与感动。"

作者如此坦率的告白一下子击中了我的心，虽然当时对烹饪从来没有深入思考过，但那一刻我的内心也被这温暖环绕着。他还写道，在蟾津江边的饭店里点了一碗如春雾般轻柔温暖的河蚬汤，这碗汤令他心生无限的怜悯。河蚬汤应是温暖过无数世人的心，作者又怎会因这碗汤而心生无限怜悯呢？或许是想到在蟾津江边定居后辛苦劳作的祖祖辈辈的心情，想到曾发生过而至今我们也不知其详的许许多多故事，这些才是作者心生怜悯的缘由吧。想到这些我不禁也心生怜悯。

读这本书至今已经有十年了，我也变成了一名从事厨艺工作的人。每时每刻，我都会深思我制作的料理的本质到底是什么。这本质便是真心，希望将无法用语言表达的我的内心，通过一道道美食向某人来传达。虽然朴实但是用尽心力所准备的美食，时而饱含着安慰，时而蕴藏着精诚，时而寄托着真心。如果能够传递这样一份真心，此生无憾。

向在炎热的整个夏季为了本书的制作而辛苦劳作的工作人员表达我的这份心意。负责本书整个流程的Yeonjeong组长，为本书拍摄出优美制作过程图的Eunjeong，还有为了料理制作顺利进行而提前准备的Hana，正是由于你们的细致工作，才最终能

够使这本充满了温暖的书成功问市，我向你们表示衷心的感谢。另外，始终在身边为我打气的家人、朋友、教友，喜爱我的美食的各位朋友，还有所有我应感谢的各位，谨以此书向大家表示诚挚的谢意。在此特别向我终身的料理老师冈本信平，始终为我祈祷的 *Choi Byeongryeong* 执事、*Miyeon* 姐姐、*Heo Junho*、*Jiwon*，为了让我能够全身心投入到工作中为我照看儿子的宗教教会的 *Na Sohui* 院长，以及 *Ji YoonSeon* 老师等各位表达我最真诚的感谢。最后，向我最爱的上帝表达我深深的谢意。

版权所有，翻印必究

著作权合同登记号：图字16-2011-126

图书在版编目（CIP）数据

一碗 /（韩）May著；马艳译.—郑州：河南科学技术出版社，2015.5

ISBN 978-7-5349-5366-8

Ⅰ.①一… Ⅱ.①M…②马… Ⅲ.①菜谱—日本 Ⅳ.①TS972.183.13

中国版本图书馆CIP数据核字（2013）第112580号

出版发行：河南科学技术出版社

地址：郑州市经五路66号 邮编：450002

电话：（0371）65737028 65788633

网址：www.hnstp.cn

策划编辑：李迎辉

责任编辑：李迎辉

责任校对：张小玲

封面设计：张 伟

责任印制：张艳芳

印 刷：北京盛通印刷股份有限公司

经 销：全国新华书店

幅面尺寸：185 mm×210 mm 印张：9.5 字数：200千字

版 次：2015年5月第1版 2015年5月第1次印刷

定 价：39.00元

如发现印、装质量问题，影响阅读，请与出版社联系。